Treibhauseffekt und Klimawande[1]

GW01471473

Der Herausgeber Dipl.-Math. Klaus-Dieter Sedlacek studierte in Stuttgart neben Mathematik und Informatik auch Physik. Nach fünfundzwanzig Jahren Berufspraxis in der eigenen Firma widmet er sich nun seinen privaten Forschungsvorhaben und veröffentlicht die Ergebnisse in allgemein verständlicher Form. Darüber hinaus ist er der Herausgeber mehrerer Buchreihen unter anderem der Reihen 'Wissenschaftliche Bibliothek' und 'Wissen gemeinverständlich'.

Klaus-Dieter Sedlacek (Hrsg.)

# Treibhauseffekt und Klimawandel

### Energiewende, ja bitte, aber nicht wegen CO2

Wissen gemeinverständlich Band 20

Bibliografische Information Der Deutschen Bibliothek:
Die Deutsche Bibliothek verzeichnet diese Publikation
in der Deutschen Nationalbibliografie; detaillierte
bibliografische Daten sind im Internet über
http://dnb.ddb.de
abrufbar.

**1. Auflage**

Covergrafik Dieter Kasang CC BY-SA 3.0 siehe Seite 23
Coverdesign, Buchblock und Satz in Antiqua
sowie Redigierung und sprachliche Fassung
in aktueller Rechtschreibung:
Klaus-Dieter Sedlacek
Internet: https://toppbook.de
© 2019
Herstellung und Verlag: BoD – Books on Demand, Norderstedt.
ISBN: 9783750413207

# Inhalt

VORWORT DES HERAUSGEBERS..............................................................8

WELT IM WANDEL – GESELLSCHAFTSVERTRAG FÜR EINE GROSSE TRANSFORMATION..............................................................10

Wolfgang Wippermanns Kritik..............................................................11

ANTIKE PROPHEZEIUNGEN DES WELTUNTERGANGS, UM NEUE EINSICHTEN ZU ERZWINGEN..............................................................14

URSACHEN VON CO2-SCHWANKUNGEN IN DER ERDGESCHICHTE. .23

KORRELATION UND SCHEINKAUSALITÄT..............................................28

Beschreibung..............................................................28

Wie stark ist der Zusammenhang?..............................................................28
Falls möglich, welche Richtung hat der Zusammenhang?..............................................................29
Wie ist die Skalierung der an der Korrelation beteiligten Variablen?..........29
Von der Korrelation zum Kausalzusammenhang..............................................................29

Vom Kausalzusammenhang zur Korrelation..............................................................31

Fehlschlüsse – Cum hoc ergo propter hoc..............................................................31

DER DRITTE FAKTOR..............................................................33

Kosmische Strahlung als Klimafaktor: Die Rolle der Sonne beim Klimawandel 33

Die Sonne steuerte das Klima in der Eiszeit..............................................................36

Vulkanisches CO2 als Ursache globaler Erwärmung vor 56 Millionen Jahren? 39

Schlüssige Beweise für die Ursache des Paläozän/Eozän-Temperaturmaximums vorgelegt..............................................................39

Treibhauseffekt durch kosmische Strahlung..............................................................42

Hierarchie der Zyklen berücksichtigen..............................................................43
Wolken haben Einfluss..............................................................43
Verbindungsstück zwischen Kosmos und Klima..............................................................44
Die Sonnenzyklen und ihre Folgen..............................................................44
Die Milchstraße bestimmt mit..............................................................44
Wasserdampf ist Klimatreiber..............................................................45

Ein neuer Blick auf den Klimawandel in der Erdgeschichte..............................................................47

Den Quellen von Kohlendioxid auf der Spur: ein neues Analysengerät auf dem Jungfraujoch..............................................................51

Mögliche CO2-Quellen..............................................................53

WIE VIEL CO2 WIRD FREIGESETZT, WENN DER OZEAN EIN GRAD WÄRMER WIRD?..............................................................56

RESÜMEE..................................................................................58
ANHANG...................................................................................64
Klima, CO2 und Sonne: Warum die CO2-Theorie unwahrscheinlich ist ...........64
Übersicht..................................................................................65
1. Verweigerung der Diskussion und Fehleinschätzung der Mehrheitsfähig-
keit.........................................................................................65
2. Sofort raus aus der Atomkraft, Maximalausbau erneuerbarer Energien...68
3. Preisexplosionen bei Öl, Gas und Kohle erzwingen Energiewende........68
4. Vorbemerkung: Es gibt keine Klimaleugner.........................................69
5. Kein Interesse an CO2: China, Indien, USA, Dritte Welt.........................69
Argument Nr. 1: Liste der wichtigsten Klima-Faktoren..............................71
Argument Nr. 2: Haupt-Klimafaktor – die Sonne......................................73
Argument Nr. 3: Physik – Je mehr CO2, desto geringer die Wirkung.........76
Argument Nr. 4: Wirkung durch zusätzliches CO2 auf Klima experimentell
nicht bewiesen, sondern widerlegt........................................................78
Argument Nr. 5: Relationen und Konzentrationen – 51,5 Billarden Tonnen
Atmosphäre und 1ppm CO2 pro Jahr....................................................79
Argument Nr. 6: Ozeane und 9 Fehler bei Al Gore – CO2 folgt der Tempera-
tur.........................................................................................82
Argument 6a: Wie CO2-Anhänger Fakten und Unwahrheiten vermischen:
CO2 und Temperatur – was folgt was?....................................................84
Argument Nr. 7: Argument Nr. 7: Der Konsens ist Fake und wäre auch irre-
levant: Wissenschaft ist keine Demokratie..............................................85
Argument Nr. 8: Der „Hockey Stick" ist eine Lüge, Temperaturen steigen
seit 1998 nicht............................................................................87
CO2 Steuer: Sinnlos, bewirkt Klassengesellschaft und Implosion der Volks-
wirtschaft..................................................................................89
Das angebliche Exxon-Hauptbeweisstück.................................................91
Steigen die Temperaturen „schneller als jemals zuvor"?............................93
Keine Häufung von Extremwettern, Stürmen, Hurrikanen..............................94
CO2 steigt, Waldbrände sinken..........................................................94
Keine Häufung von Dürren................................................................95
CO2 ist eine Grundlage des Lebens......................................................96
Eine (vorübergehende) Korrelation ist keine Kausalität.............................97
Willkürliche Zeitreihen..................................................................98
Panik, Wandel und Kipp-Punkte vs. natürliche Schwankungen.................102
Der Meeresspiegel.........................................................................104
Climategate: Wie Klimaschwindler Daten manipulieren.........................105
Kommt bald die Eiszeit-Massenhysterie?.............................................107
Mobbing statt wissenschaftlicher Diskussionen: Wie einst unter McCarthy
.............................................................................................108
Gleichschaltung, Selbst-Gleichschaltung, Klima-Kirche...........................110
CO2-Anhänger sind keine Wissenschaftler.............................................112
Physik-Nobelpreisträger Ivar Giaever zerpflückt den Klimawandel..........115
Zwischenfazit..............................................................................116
Weiterführende Links, mehr Infos.......................................................117
Freie Kopien dieses Textes: CC 4.0 BY-SA.............................................119

# VORWORT DES HERAUSGEBERS

Nein, ich bin kein Klimawandelleugner!

Hier beginnt allerdings schon das Übel der derzeitigen Klimadebatte. Das Wort "Leugner" dient im Zusammenhang mit dem Klimathema dazu, Menschen als amoralisch, d. h. minderwertig zu kennzeichnen. So ähnlich wie man Schwerverbrecher im Knast durch spezielle Kleidung kenntlich macht. Mit der Bezeichnung Leugner für Andersdenkende will man sich selbst moralisch erheben. Die Bezeichnung dient auch dazu festzulegen, dass man selbst recht hat und der Andersdenkende verwerflich ist, weil er eine andere Meinung vertritt.

Wie wenig hat ein Argument, in dem das Wort Leugner gegen Anders-denkende einfließt, noch mit Wissenschaft und wissenschaftlicher Diskussi-on zu tun? Wie unsicher müssen die Fakten und eigenen Argumente sein, wenn man es nötig hat, Andersdenkende als Leugner zu bezeichnen? Das Wort "Leugner" ist ein Unwort, das allenfalls in polizeilichen Verhörmetho-den Verwendung finden kann, aber weder in wissenschaftliche Diskussio-nen und Argumente einfließen sollte, noch in demokratische Meinungsäu-ßerungen.

In diesem Buch soll es nicht um leugnen und Leugner gehen, sondern die Frage nach den wahren Ursachen des Klimawandels soll das Leitmotiv sein, und was zu tun wäre, wenn begründete Zweifel an der derzeitigen $CO_2$-These bestehen, dass der Klimawandel überwiegend vom Menschen aufgrund seiner $CO_2$-Emissionen verursacht wird.

Ich sage nicht, dass menschengemachte $CO_2$-Emission kein Faktor bei der Klimaerwärmung sein kann, ich sage nur, wir Deutschen sollten nicht aus Angst vor einem angeblich kurz bevorstehenden Weltuntergang Dinge tun, die vermeintlich die Welt retten, uns aber bald bereuen lassen, was wir in Wirklichkeit kaputt gemacht haben. Erstens glaube ich nicht, dass hekti-sche Maßnahmen ohne Sicherheit über die Ursachen des Klimawandels, zielführend sind, und zweitens wäre es vermessen zu glauben, wir Deut-schen müssten alleine die Welt retten.

Wir sollten uns erst einmal vorurteilsfrei mit ein paar **unbequemen Fakten** auseinandersetzen und über die wahren Ursachen des Klimawandels debattieren, ohne andere Meinungen als "Lügen" abzuqualifizieren. Erst da-nach sollte es zu einem besonnenen **ideologiefreien Handel**n kommen. Je nach Ergebnis, kann das Handeln ganz anders aussehen, als das, was bisher Klimaaktivisten fordern.

Doch soweit sind wir noch nicht. In diesem Buch dokumentiere ich un-bequeme wissenschaftliche Fakten bzw. Meldungen aus der Wissenschaft und gebe dazu den Quellennachweis. Des weiteren zitiere ich Wikipe-dia-Artikel mit ihren wichtigsten Aussagen, damit nicht der Eindruck entsteht, ich würde mir alles, was unbequem erscheint, aus den Fingern saugen. Schließlich schreibe ich am Schluss verschiedener Artikel noch einige Notizen, die ich als solche kenntlich gemacht habe. Dadurch sind die objektiven und subjektiven Anteile dieses Buchs gut unterscheidbar. Und schließlich habe ich die Reihenfolge der Kapitel so aufgebaut, dass so etwas wie ein roter Faden entsteht und ich am Ende nachvollziehbare Schlussfolgerungen ziehen kann.

Ich hoffe, dass Sie lieber Leser, dieses Buch nicht gleich in die Ecke werfen, wenn es ihrem Weltbild entgegengesetzte Fakten präsentiert. Vielleicht ist es für Sie aber auch ein Ansporn darüber nachzudenken. Und wenn dieses Buch konform mit ihrem Weltbild gehen sollte, umso besser!

Eines kann ich auf jeden Fall versprechen: Es wird eine interessante Lektüre für Sie.

Stuttgart, im Herbst 2019

*Der Herausgeber*

# WELT IM WANDEL – GESELLSCHAFTSVERTRAG FÜR EINE GROSSE TRANSFORMATION

Welt im Wandel – Gesellschaftsvertrag für eine Große Transformation (engl. World in Transition – A Social Contract for Sustainability) ist der Titel des Hauptgutachtens des Wissenschaftlichen Beirats der Bundesregierung Globale Umweltveränderungen (WBGU) aus dem Jahr 2011. Hauptanliegen der Autoren ist es, eine weltweite Transformation zu einer klimaverträglichen Gesellschaft ohne Nutzung fossiler Brennstoffe in Gang zu setzen bzw. zu beschleunigen. Der WBGU spricht sich dabei unter anderem für den Ausbau erneuerbarer Energien und gegen die Nutzung der Kernenergie aus.

Wesentlicher Hintergrund des Hauptgutachtens sind die wissenschaftlichen Erkenntnisse zum anthropogenen Klimawandel (globale Erwärmung) und seiner Folgen. Die Autoren beziehen sich dabei auf die Ergebnisse des IPCC und früherer Gutachten des WBGU. Zentrales Konzept ist die Abschätzung von Schadensgrenzen oder Planetarischer Leitplanken (Planetary Boundaries), „deren Überschreitung heute oder in Zukunft intolerable Folgen mit sich brächte". Es gibt „einen globalen politischen Konsens darüber, dass eine rasch erfolgende Erderwärmung von mehr als 2 Grad Celsius die Anpassungsfähigkeit unserer Gesellschaft überfordern würde": So haben die deutsche Bundesregierung, die Europäische Union (2005), und die 194 Mitgliedstaaten der Klimarahmenkonvention der Vereinten Nationen (auf der UN-Klimakonferenz in Cancún 2010) das Zwei-Grad-Ziel anerkannt. *Nach Aussage des WBGU muss innerhalb der nächsten 10 Jahre die Trendwende der Treibhausgasemissionen erreicht werden,* damit die 2-°C-Leitplanke (siehe Zwei-Grad-Ziel) noch eingehalten werden kann.

Daher steht die „Transformation zur klimaverträglichen Gesellschaft" im Zentrum des Gutachtens.

In ihrer Bedeutung sei diese Wende von der fossilen zur postfossilen Gesellschaft vergleichbar mit den beiden bisher fundamentalsten Transformationen der Menschheitsgeschichte: der Neolithischen Revolution (Erfindung und Verbreitung von Ackerbau und Viehzucht), sowie der Industriellen Revolution (Übergang von der Agrar- zur Industriegesellschaft). Letztere hat der ungarische Ökonom Karl Polanyi (1944) als „Great Transformation" beschrieben. Hierauf bezieht sich auch die Namensgebung des Berichts. *Zudem beziehen sich die Autoren auf die Idee des Gesellschaftsvertrags (Contrat social) von Jean Jacques Rousseau* als Grundlage moderner Demokratie.

10

Der historische Normalfall sei bisher gewesen, eine Richtungsänderung erst als Reaktion auf Krisen und Katastrophen vorzunehmen. Dies gelte es zu vermeiden, und stattdessen „einen umfassenden Umbau aus Einsicht, Umsicht und Voraussicht" anzutreiben. Der Gesellschaftsvertrag kombiniere eine Kultur der Achtsamkeit (aus ökologischer Verantwortung) mit einer Kultur der Teilhabe (als demokratische Verantwortung) sowie einer Kultur der Verpflichtung gegenüber zukünftigen Generationen (Zukunftsverantwortung). Die Transformation müsse wissensbasiert sein, auf einer gemeinsamen Vision beruhen und vom Vorsorgeprinzip geleitet sein. Sie stütze sich auf „Pioniere des Wandels", die neue Entwicklungsmöglichkeiten testen und vorantreiben. Zudem erfordere diese Transformation einen „gestaltenden Staat", der Entfaltungsmöglichkeiten eröffne, Weichen für den Strukturwandel stelle und die Implementierung klimaverträglicher Innovationen absichere.

Unerlässlich sei eine Kooperation der Internationalen Staatengemeinschaft *sowie der Aufbau von Strukturen für globale Politikgestaltung (Global Governance).*

Der Historiker Wolfgang Wippermann äußerte in einem Interview mit der Zeitschrift Focus-Online (Juni 2011), er befürchte eine „Klimadiktatur". Auch Nico Stehr und Manfred Moldaschl äußerten in einem Artikel in der Zeit (Januar 2013) die Befürchtung, dass man im Kontext einer Großen Transformation die „Demokratie aufgeben" wolle, „um die soziale Welt ihrer Lethargie zu entreißen und um den Herausforderungen des Klimawandels gerecht zu werden"[1]

# Wolfgang Wippermanns Kritik

Den Mitgliedern des Wissenschaftlichen Beirats der Bundesregierung Globale Umweltveränderungen (WBGU) wirft der Historiker Wolfgang Wippermann angesichts ihres Hauptgutachtens Welt im Wandel – Gesellschaftsvertrag für eine Große Transformation vor, sie seien „Utopisten", die eine „Klimadiktatur" in „größerem Rahmen" vorschlagen, und dies „nicht aus Gedankenlosigkeit". "Die sprechen sogar von der *„internationalen Allianz von Pionieren des Wandels"* Dies erinnere ihn an „die faschistische oder kommunistische Internationale". Es handle sich um „wissenschaftliche Fanatiker", die „ihre Vorstellungen durchsetzen wollen" Das mache ihm

1 Seite „Welt im Wandel – Gesellschaftsvertrag für eine Große Transformation". In: Wikipedia, Die freie Enzyklopädie. Bearbeitungsstand: 14. Juli 2019, 22:25 UTC. URL: https://de.wikipedia.org/w/index.php?title=Welt_im_Wandel_%E2%80%93_Gesellschaftsvertrag_f%C3%BCr_eine_Gro%C3%9Fe_Transformation&oldid=190439838 (Abgerufen: 14. Oktober 2019, 08:59 UTC)

Angst, denn wer so spricht, der handelt auch. Er hält das für eine negative Utopie, eine Dystopie und meint wenn Utopisten am Werk sind, wird es immer gefährlich.

Die Bundesregierung hätte sich lt. Wippermann davon distanzieren sollen, denn *die Vorschläge von Wissenschaftlern sollten sich mit der politischen Wertordnung decken, die wir haben.* "Man kann nicht einfach sagen, dass man eine andere Demokratie, einen anderen Staat und eine andere Weltordnung wolle. Das geht einfach nicht."

Nichts weniger als ein neuer Gesellschaftsvertrag muss geschlossen werden", heißt es im Fazit des Papiers, gemeint ist der „Contrat Social" von Jean-Jacques Rousseau. Es sei aber so, dass es in diesem Gesellschaftsvertrag keine Gewaltenteilung gab, wie sie für demokratischen Systeme die Voraussetzung ist und Rousseau hielt auch die Demokratie nicht für eine angemessene Staatsform. Was die die Autoren in "Welt im Wandel" vorschlagen, das sei damit eher eine Klimadiktatur. Sie wollen zum Beispiel Nationalstaaten abschaffen, denn diese könnten nicht „alleinige Grundlage des Vertragsverhältnisses sein", heißt es. So kann es zu Unterdrückungen liberaler und nationaler Bestrebungen kommen. Die Wissenschaftler mögen zwar was Gutes wollen, würden aber so etwas Schlechtes schaffen, denn wer eine *transnationale Demokratie* fordert, was auch immer das sei, der fordert die Einführung einer Diktatur.

Die Wissenschaftler der WBGU fordern **„gesellschaftliche Erneuerung durch Einsicht"**, aber hier sieht Wippermann das größte Problem:

> *"Und was, wenn jemand nicht einsichtig ist?*
> *Gewalt?*
> *Die Autoren fordern diese Einsicht ja ein!*
> *Das ist nicht Demokratie, wie wir sie haben*
> *und was wir unter Demokratie verstehen.*
> *Das ist etwas anderes."*

Der Historiker Wippermann versichert, dass man aus der Geschichte genug Leute kennt, die die Welt verbessern wollten, nachdem sie deren ...

... *"Untergang prophezeiten und **undemokratische Systeme zum Zwang in ihre Einsichten schufen.***"

**Claus Leggewie**, Professor für Politikwissenschaft und **WBGU-Mitglied**, stufte die Warnungen vor einer „Ökodiktatur" hingegen als Verschwörungstheorie ein. Entgegen den Behauptungen der Kritiker ziele das WBGU-Gutachten auf eine Stärkung der Demokratie ab. Eine Antwort darauf, was geschehen solle, wenn jemand nicht einsichtig ist, blieb das WBGU-Mitglied schuldig.

# NOTIZEN

*Die wichtigste Frage, die es im Zusammenhang mit der Forderung nach "gesellschaftliche Erneuerung durch Einsicht" zu klären gilt, ist die, was mit denen geschehen soll, die nicht einsichtig sind.*

Sollen die nicht Einsichtigen zur Einsicht gezwungen werden? Und was ist, wenn sie deshalb nicht einsichtig sind, weil sie erkannt haben, dass sie aufgrund von fehlerhaften oder sogar gefälschten Daten, die von einer totalitaristischen Wissenschaftlergruppe und ihren Anhängern stammen, manipuliert werden? Wäre das alles eine **Stärkung der Demokratie**?

# Antike Prophezeiungen des Weltuntergangs, um neue Einsichten zu erzwingen

*von EDUARD ZELLER*

*(Erschien unter anderem Titel in englischer Übersetzung in der Monats-schrift „Nineteenth. Century" April 1882.)*

Unter dem Namen der apokalyptischen Literatur pflegt man diejenigen Schriften zusammenzufassen, welche der Menschheit als Abschluss ihrer Geschichte ein goldenes Zeitalter verheißen, das durch ein Eingreifen der Gottheit in den Weltlauf, eine durchgreifende Umwälzung des gegenwärtigen Weltzustandes, herbeigeführt werden soll. Der Name stammt aus der Apokalypse des Johannes; der tatsächliche Stammvater der christlichen wie der jüdischen Apokalyptik ist aber das Buch Daniel; diese merkwürdige prophetische Schrift, deren angeblicher Verfasser schon zu Ezechiels Zeit als ein Frommer der Vorzeit von der hebräischen Sage gefeiert war (Ezech. c. 14, 14. 20. c. 28, 8), dann aber, in den Tagen der Makkabäerkämpfe, an den Hof des Nebukadnezar und Cyrus versetzt und zum Urheber von Weissagungen gemacht wurde, welche dazu bestimmt waren, den Mut der Kämpfenden durch den Ausblick auf den herrlichen Ausgang des Kampfes zur äußersten Ausdauer anzufeuern.. Denn jetzt erst wird das Schicksal der jüdischen Nation, auf das sich die messianische Weissagung seiner Propheten bis dahin beschränkt hatte, mit dem Schicksal des ganzen Menschengeschlechts in Verbindung gebracht; die Geschichte der Menschheit soll zugleich mit der des israelitischen Volkes in der ewigen Herrschaft der Heiligen ihren Abschluss finden, und *diese große Katastrophe soll schon in der nächsten Zukunft bevorstehen*: unmittelbar auf die Religionsverfolgung des Antiochus Epiphanes soll der Eintritt des Gottesreichs folgen. Es ist bekannt, welcher Nachwuchs aus der apokalyptischen Weissagung Daniels noch auf jüdischem Boden in den jüdischen Stücken der sibyllinischen Orakel, dem Buch Henoch und dem vierten Buch Esra entsprungen ist, welche umfassende Literatur sich an die Apokalypse des Johannes, teils in der Gestalt von Erklärungen dieses Rätselbuchs, teils in der neuer selbständiger Offenbarungen angeschlossen hat; und wie jede von diesen apokalyptischen Schriften, nach dem Vorgang ihres jüdischen und ihres christlichen Vorbilds, *das Ende der gegenwärtigen Welt schon für die nächste Zeit* nach ihrer eigenen Abfassung in Aussicht nahm. Aber auch den heidnischen Völkern des Altertums war die allgemeine Voraussetzung dieser apokalyptischen Prophetie keineswegs fremd. Auch bei ihnen findet sich der Glaube an eine große Revolution des ganzen Weltzustandes, von der man auch wohl erwartete, dass durch sie allem Elend und Verderben der

Menschen gesteuert und eine Zeit dauernder Glückseligkeit heraufgeführt werden werde; und wenn dieser Glaube zunächst nur eine theoretische Überzeugung, ein theologisches oder philosophisches Dogma war, von dem keine Anwendung auf die Zustände einer bestimmten Zeit gemacht wurde, so war doch die Möglichkeit nicht ausgeschlossen, dass auch die bestimmtere Erwartung des nahe bevorstehenden Eintritts jener Umwälzung, des nahen Abschlusses der Weltgeschichte sich bildete, wenn sich die Verhältnisse irgendwo so gestalteten, dass sie die Sehnsucht nach einer so plötzlichen und durchgreifenden Veränderung zu erwecken geeignet waren.

Schon die Religion Zoroasters verhieß ihren Bekennern: wenn der Kampf des Guten mit dem Bösen, des Ormuzd mit Ahriman, die ihm verordnete Zeit gewährt habe, werde schließlich das Böse und sein Urheber vernichtet werden, und auf der neu gestalteten Erde werden die Menschen, durch Eine Sprache verbunden, keiner Nahrung bedürftig und keinen Schatten werfend, in seligem Frieden zusammenwohnen. Von einer anderen Seite her drang der Glaube an ein dereinstiges Weltende sehr frühe in die griechische Philosophie ein. Schon von einigen der ältesten unter den ionischen Philosophen, Anaximander und Anaximeneß, wird uns berichtet, dass sie die Welt periodisch aus dem Urstoff hervorgehen und wieder in ihn zurückkehren ließen; ganz besonders aber ist es Heraklitus von Ephesus, der sich (um 480 v. Chr.) durch die Behauptung bekannt gemacht hat, dass das Urfeuer, oder die Gottheit, die Welt abwechslungsweise aus sich hervorgehen lasse und durch einen Weltbrand wieder in sich zurücknehme. Teilweise damit übereinstimmend lehrte bald nach ihm Empedokles, die Geschichte der Welt bewege sich zwischen zwei Polen, der vollkommenen Einigung aller Elemente durch die Liebe und ihrer vollständigen Trennung durch den Hass, nur in den Zwischenperioden zwischen diesen beiden Zuständen gebe es Welten, wie die unsrige, von denen demnach jede bloß eine Zeit lang bestehen soll; während gleichzeitig Leucippus und nach ihm sein Schüler Demokritus jeder von den unzähligen Welten, die sich aus den Atomen bilden sollten, nur eine begrenzte Dauer zuschrieb. Plato und Aristoteles allerdings wollten von einem Weltende nichts hören, und der letztere besonders hat die Anfangs- und Endlosigkeit unseres Weltgebäudes so nachdrücklich verteidigt, dass sie durch ihn eine weite Verbreitung gewann und sich bis in die letzten Jahrhunderte des Altertums erhielt. (Vgl. S. 1 ff.) Dagegen kehrten die Stoiker bei diesem wie bei anderen Punkten ihrer Physik zu Heraklit zurück, und nur einzelne jüngere Mitglieder dieser Schule sind es, die uns seit der Mitte des zweiten Jahrhunderts v. Chr. als Gegner der Weltverbrennung bekannt sind.

Die Lehre der Philosophen von einem dereinstigen Weltuntergang hatte nun freilich eine andere Bedeutung, als die apokalyptischen Weissagungen über das Ende dieser Welt oder des gegenwärtigen Weltzustandes. Die letzteren haben eine durchaus praktische Abzweckung: diejenigen, an die sie sich wenden, sollen durch den Hinblick auf das Ende aller Dinge teils unter Leiden und Verfolgungen getröstet, teils zur würdigen Vorbereitung auf diese letzte Entscheidung, zum unerschütterlichen Ausharren in den bevorstehenden Prüfungen ermuntert, mit jenem begeisterten Kampfesmut, *jener rücksichtslosen Aufopferungsfähigkeit erfüllt werden, welche aus dem Glauben an* den unbedingt sicheren Sieg, *den unmittelbar bevorstehenden tausendfachen Ersatz aller Opfer entspringt.* Gerade bei den größten und einflussreichsten unter unsern Apokalypsen, der des Daniel und der des Johannes, ist diese praktische Abzweckung mit Händen zu greifen. Diese Weissagungen sind nicht müßige Spekulationen über die Zukunft, sondern *höchst wirkungsvolle, auf die nächste Gegenwart berechnete,* von tiefer Begeisterung erfüllte *Aufrufe* zu heldenmütiger Tapferkeit im Streit für den Glauben. Ebendeshalb *halten auch alle diese Schriften das Ende der gegenwärtigen Weltordnung für unmittelbar bevorstehend.* Ihre angeblichen Verfasser allerdings, einen Daniel oder eine Sibylle, lassen viele von ihnen lange Reihen geschichtlicher Tatsachen vorhersagen; aber ihre wirklichen Verfasser glauben ohne Ausnahme, dass sie selbst in der letzten Zeit leben und höchstens durch ein paar Jahre noch von der Schlusskatastrophe getrennt seien. Denn nur dann hat der Glaube an ein Weltende praktische Bedeutung, wenn man es selbst noch zu erleben erwartet; nimmt man es dagegen erst für die Zeit nach dem eigenen Tode in Aussicht, so ist ja durch diesen für jeden die Entscheidung schon gefallen, ehe es kommt, und wenn ihm die Aufforderung entgegentritt, sich auf das Ende vorzubereiten, wird er doch dabei nur an sein eigenes Ende denken können, nicht an das des Weltganzen, welches für ihn selbst keine weiteren Folgen nach sich zieht. Den philosophischen Theorien über einen künftigen Weltuntergang fehlt nicht bloß diese Bestimmung, sondern die praktische Tendenz und die praktischen Motive der apokalyptischen Literatur sind ihnen überhaupt fremd. Es sind *physikalische Annahmen, aus rein wissenschaftlichen Erwägungen hervorgegangen,* die mit den religiösen und politischen Interessen der Menschen, mit der Frage, ob ihnen die gegebenen Zustände zusagen oder nicht, mit ihren Hoffnungen und ihren Verpflichtungen nicht mehr zu tun haben, als dies etwa bei der Vermutung eines dereinstigen Aufhörens der Bewegung der Fall ist, *die neuere Naturforscher aus der mechanischen Wärmetheorie abgeleitet haben.*

Nichtsdestoweniger konnte auch diesen naturwissenschaftlichen Annahmen eine Wendung gegeben werden, durch die sie den apokalyptischen Erwartungen der Juden und Christen näher traten. *Man brauchte nur das, was die Philosophen aus einer Naturnotwendigkeit ableiteten, unter den teleologischen Gesichtspunkt zu stellen und mit dem moralischen Zustand der Menschen in Verbindung zu bringen,* so erhielt man den Satz: das Ende des gegenwärtigen Weltzustandes werde dann hereinbrechen, wenn derselbe so unerträglich geworden sei, dass sich dem allgemeinen Verderben nur noch durch eine Vertilgung der sündigen Menschheit steuern, nur auf diesem Weg eine durchgreifende Umwandlung zum Besseren herbeiführen lasse; und *wenn die gegebenen Zustände irgend einmal so unheilbar erschienen, so hatte man dann auch nicht mehr weit zu der Erwartung, welche den wesentlichen Inhalt aller apokalyptischen Prophetie bildet, dass der Untergang und die Neubildung der jetzigen Welt schon in der nächsten Zeit bevorstehe.* Diese Wendung begegnet uns nun auch wirklich in der stoischen Schule. Diese Schule machte es sich bekanntlich in ähnlicher Weise, wie die englischen und deutschen Physikotheologen des 18. Jahrhunderts, zur Aufgabe, in der ganzen Natur die Fürsorge der Gottheit für die Menschen nachzuweisen, auf deren Wohl alles in der Welteinrichtung berechnet sei; und ebenso machte sie es nun auch in dem vorliegenden Falle. Neben der Verbrennung, die das Ende jeder Welt und die Entstehung einer neuen herbeiführen sollte, nahmen die Stoiker auch das Eintreten allgemeiner Diluvien an, welche ebenso den Winter jeder Weltperiode bilden sollten, wie die Ekpyrosis ihren Sommer; und wenn die letztere das ganze Weltgebäude mit allem, was darin ist, verzehren sollte, so wurde von dem Diluvium erwartet, dass es wenigstens die ganze Erde überflute, und alle lebenden Wesen auf derselben vertilge. Von dieser Sündflut nun sagt Seneca (nat. qu. m, 28 f.), sie werde eintreten, „wenn es Gott für gut findet, dass ein Neues beginne und dem Alten ein Ende gemacht werde", „wenn die Zeit da ist, wo die Menschheit von Grund aus vertilgt werden soll, um im Stande der Unschuld neu erzeugt zu werden, dass niemand übrig bleibt, der zum Bösen anleiten kann" ; wenn „das Gericht über die Menschheit vollendet sei, und auch die Tiere vertilgt seien, deren Gemütsart die Menschen angenommen hatten", dann werde den Fluten wieder ein Ziel gesetzt, die alte Weltordnung wiederhergestellt, und der Erde ein neues Geschlecht von Menschen geschenkt werden, die von keiner Schuld wissen, deren Unschuld aber freilich, wie der Philosoph wehmütig beifügt, auch nicht lange dauern werde. Hier haben wir nun wirklich eines von den Motiven, auf denen auch die jüdische und die christliche Apokalyptik beruht: die Annahme, dass die Menschheit zeitweise in ein Verderben versinke, aus dem sie auch von der Gottheit nur durch eine Veränderung des ganzen Weltzustandes gerettet werden könne. Und wenn wir hören, wie Seneca über den sittlichen Zustand seines Zeitalters urteilt, könnte es uns kaum überraschen, auch die weitere Überzeugung bei ihm zu finden, dass eben jetzt ein so tiefes Verderben eingetreten sei, und dass demnach der Untergang der sündigen Menschheit unmittelbar bevorstehe. Wenn du auf das Forum oder in den Circus gehst, sagt er (De ira n, 8), und du betrachtest die Volksmassen, die sich da drängen, so denke, es seien hier ebenso viele Laster als Menschen. Tragen sie auch kein Kriegskleid, so lebt doch keiner mit dem andern in Frieden. Jeder sucht nur durch den Schaden des andern zu gewinnen; um jeden kleinsten Genuss oder Vorteil dürfte, wenn es auf sie ankäme, alles zu Grunde gehen. Es ist eine Versammlung von reißenden Tieren, die sich von allen andern nur dadurch unterscheiden, dass diese wenigstens ihresgleichen verschonen, während sich die Menschen untereinander selbst verschlingen. In wildem Wetteifer wirft man sich auf das Schlechte; jeden Tag wächst die Lust an der Sünde, nimmt die Scheu vor ihr ab. Das Laster hält sich nicht mehr in der Verborgenheit, es geht vor aller Augen; Rechtschaffenheit findet sich nicht etwa nur selten, sondern überhaupt nicht. Liest man diese und ähnliche Schilderungen bei Seneca, so möchte man allerdings glauben, er hätte seine Zeit für so unverbesserlich halten müssen, dass nur jene von ihm in Aussicht genommene Sündflut eine Heilung bringen könne. Indessen ist dies doch nicht seine Meinung. Es sind weniger die Laster einer bestimmten geschichtlichen Periode, als die allgemeinen Fehler der menschlichen Natur, gegen die er seine Vorwürfe richtet. „Wir alle haben gefehlt," ruft er aus (De dement. I, 6, 3), „und wir werden fehlen bis zum Ende unseres Lebens"; „einer drängt den andern zum Bösen" (ep. 41, 9); „man kann keinem einzelnen zürnen, das ganze Menschengeschlecht bedarf der Verzeihung"; „es ist eine Bedingung unseres Daseins, dass unsere Seele ebenso vielen Krankheiten unterliegt, wie unser Leib"; „kein Verständiger zürnt der Natur"; „über die Schlechtigkeit der Menschen außer sich zu geraten, wäre so klug, als sich zu wundern, dass keine Äpfel an den Dornen wachsen" (De ira H, 10). Wer sich in dieser Weise in die Verderbtheit der Menschen als etwas naturnotwendiges ergibt, in dem kann nicht wohl der Wunsch oder die Hoffnung auftreten, dass eine plötzliche Katastrophe derselben für immer ein Ende mache. Wenn auch alle Sünder auf einmal vertilgt würden, wäre es die Sünde selbst darum noch lange nicht, da sie viel zu tief in der menschlichen Natur begründet ist, um nicht sofort wieder zur Herrschaft zu gelangen. Und wir haben ja auch gehört, dass unser Philosoph selbst von der Sündflut, die er weissagt, keine dauernde Besserung der menschlichen Zustände erwartet Dass vollends dem Streite des Guten mit dem Bösen irgend einmal für immer ein Ende gemacht werden werde, konnte er als Stoiker schon deshalb nicht annehmen, weil nach stoischer Lehre auf jede Weltverbrennung die Bildung einer neuen Welt folgt, die allen früheren so ununterscheidbar ähnlich sein soll, dass alle Personen, Dinge und Vorgänge in ihr bis auf's einzelste hinaus genau so wiederkehren, wie sie in jenen waren. Der Glaube an die Nähe des Weltendes, auf welchem die praktische Wirkung und Bedeutung aller apokalyptischen Erwartungen beruht, musste ohnedies den römischen und griechischen Zeitgenossen Seneca's auch dann durchaus ferne liegen, wenn sie einen dereinstigen Weltuntergang *in thesi* annahmen. Denn dieser Glaube hat sich immer nur bei solchen Parteien gebildet, die sich so schwer bedrückt und bedroht fühlten, dass sie an der Gegenwart verzweifelten und nur von einem wunderbaren Eingreifen der Gottheit noch eine Rettung zu hoffen wagten. In diesem Zustand befanden sich aber die Vertreter der antiken Bildung zu Seneca's Zeit noch lange nicht.

18

Den Juden mochte während des Verzweiflungskampfs der makkabäischen Erhebung, und auch später noch unter dem Druck der Fremdherrschaft, den Christen unter dem frischen Eindruck des Schreckens, welchen die neronische Christenverfolgung und bald darauf die Erwartung der Wiederkehr Nero's verbreitete, ihre Lage so hoffnungslos erscheinen, dass sie den Zeitpunkt kaum erwarten konnten, in dem der Herr vom Himmel herabkommen sollte, um dem Reich ihrer Verfolger ein Ende mit Schrecken zu bereiten: ein Römer oder Grieche jener Zeit hatte auf seinem Standpunkt keinen Grund, die bestehenden Verhältnisse, wie vieles ihm auch daran missfallen mochte, für unverbesserlich genug zu halten, um nur von einer vollständigen Umwälzung des ganzen Weltzustandes Abhilfe zu hoffen. Erst geraume Zeit später, als der Verfall der alten Kultur viel weiter fortgeschritten war und in dem weltgeschichtlichen Kampfe des Christentums mit den polytheistischen Volksreligionen der Sieg sich, nach jahrhundertelangem Ringen, auf die Seite des Christentums neigte, begegnet uns in einer von den hermetischen Schriften eine Darstellung, die sich ihrem Inhalt nach mit den jüdischen und christlichen Apokalypsen vergleichen lässt.

Mit dem Namen ihres Hermes bezeichneten die Griechen den ägyptischen Gott Thot oder Tehuti, welcher nicht bloß als Erfinder der Schrift und vieler anderen Künste, sondern auch als der Urheber der heiligen Literatur der Ägypter gefeiert wurde. In der Folge, als man die Götter des Volks nach Euemerus' Vorgang zu bloß menschlichen Größen, zu Königen und Weisen der Vorzeit herabzusetzen begann, wurde auch der ägyptische Hermes zu einem Menschen gemacht, zugleich aber mit dem Beinamen des dreimal Großen, „Trismegistos", ausgezeichnet, und es wurden ihm unter diesem Namen viele Schriften beigelegt, von denen wir noch eine Anzahl, teils vollständig teils in Bruchstücken, besitzen. Diese jüngere hermetische Literatur entstand zwar, wie wir annehmen dürfen, ebenso, wie die ältere, in Ägypten; aber während die alten „Bücher des Thot", die heiligen Schriften der ägyptischen Priester, jedenfalls viele Jahrhunderte vor der makedonischen Eroberung in der damaligen Landessprache verfasst wurden, waren die späteren hermetischen Schriften, so weit wir irgend von ihnen wissen, von Hause aus griechisch geschrieben, und wenn auch die Abfassung der verschiedenen Stücke der Zeit nach weit auseinanderliegen mag, scheinen sie doch sämtlich erst der christlichen Periode anzugehören, da uns die erste, noch unsichere, Spur solcher Schriftwerke bei Plutarch (De Is. et Os. 61), die nächste bei Tertullian (De an. 2. 33) begegnet. Ihre Verfasser waren wohl durchweg, oder doch überwiegend, Ägypter, aber solche, welche sich mit der griechischen Philosophie der Zeit bekannt gemacht und ihre Ideen sich angeeignet hatten; so dass uns in dieser ägyptisch-hellenistischen Literatur eine analoge Erscheinung vorliegt, wie in der gleichzeitigen und früheren jüdisch-hellenistischen: die Ansichten, welche sich den Urhebern derselben aus einer Verknüpfung orientalischer Traditionen mit griechischer Philosophie ergeben hatten, sollen durch die von der nationalen Religion geheiligten Autoritäten empfohlen werden. Von den hoch vorhandenen hermetischen Schriften scheint ein erheblicher Teil gegen das Ende des dritten Jahrhunderts nach Christus verfasst zu sein; und eine von den letzteren ist es, in der sich jene merkwürdige Weissagung befindet, welche wir der jüdischen und christlichen Apokalyptik als ein heidnisches Gegenbild derselben zur Seite stellen können.

Der Titel dieser Schrift lautete in ihrem griechischen Original: „Die vollkommene Rede". Sie ist uns jedoch, abgesehen von ein paar kleinen Bruchstücken, nur in einer lateinischen Übersetzung überliefert, welche unter die Werke des Apulejus geraten ist, wiewohl sie nicht vor dem 4. Jahrhundert unserer Zeitrechnung verfasst sein kann. Hier gibt nun der angebliche Hermes Trismegistus seinem Sohn Asklepius c. 24—26 Aufschlüsse über die Zukunft, aus denen ich die Hauptstellen in etwas freierer Übersetzung mitteilen will. „Es wird eine Zeit kommen," sagt er, „in der es scheinen wird, dass Ägypten die Gottheit vergeblich mit frommem Eifer verehrt habe." „Die Gottheit wird sich von der Erde in den Himmel zurückziehen, und das Land Ägypten, welches der Sitz der Götter war, wird ihrer Gegenwart beraubt sein;" „dieses heilige Land, der Sitz der Tempel und Heiligtümer, wird voll von Gräbern und Toten (Kapellen und Reliquien christlicher Märtyrer) sein. O Ägypten, Ägypten, von deiner Gottesverehrung wird nichts übrig bleiben, als Gerüchte, die den Nachkommen unglaublich erscheinen, und die Inschriften in den Steinen, die von deiner Frömmigkeit erzählen. Scythen und Inder und ähnliche Barbaren werden Ägypten bewohnen. Denn die Gottheit wird in den Himmel zurückkehren, die Menschen werden insgesamt sterben, und Ägypten wird so der Götter und Menschen beraubt und verlassen sein. Du, o heiliger Fluss, wirst von Blutströmen erfüllt sein bis an den Rand; du wirst deine Ufer durchbrechen und die Zahl der Gräber wird weit größer sein, als die der Lebenden, und wer noch übrig bleibt, den wird man nur noch an seiner Sprache als Ägypter erkennen, sein Tun dagegen ist das eines Fremden." „Ägypten, einst das heiligste und gottesfürchtigste Land, die Lehrerin der Frömmigkeit, wird ein Bild der äußersten Ruchlosigkeit sein; die Menschen werden aufhören, die Welt zu verehren und zu bewundern, dieses unveränderliche Werk Gottes, diese herrliche Darstellung des Guten, mit den mannigfaltigsten Bildern geschmückt, das Werkzeug des Willens der Gottheit, die ihrem Werke neidlos zur Seite steht, die vielgestaltige Einheit von allem, dessen Anschauung zu Verehrung, Preis und Liebe auffordert. Man wird die Finsternis dem Lichte vorziehen, den Tod für besser halten, als das Leben; niemand wird ehrfurchtsvoll zum Himmel aufblicken, den Frommen wird man einen Toren, den Gottlosen weise nennen; der Wahnsinnige wird für einen Helden, der Schlechteste für den Besten gehalten werden." „Neue Rechte und Gesetze werden eingeführt werden, nichts, was heilig oder fromm, was des Himmels und der himmlischen Mächte würdig wäre, wird man hören oder glauben.

Die Götter nehmen Abschied von den Menschen, nur die bösen Geister (unser Verfasser nennt sie „die verderblichen Engel") bleiben zurück, um die Menschen zu Krieg, Raub und Betrug und zu allem dem aufzustacheln, was der Natur der Seelen widerstreitet. Dann wird die Erde erbeben, das Meer wird nicht mehr von Schiffen befahren werden, der Himmel und der Lauf der Gestirne sich nicht gleich bleiben; alle göttlichen Stimmen werden für immer verstummen, die Erzeugnisse des Feldes werden verderben, die Erde wird aufhören, Frucht zu bringen, selbst die Luft wird in drückender Schwüle dahinsiechen. So wird das Greisenalter über die Welt kommen: Gottlosigkeit, Unordnung, Nichtachtung alles Guten." (Das folgende findet sich griechisch bei Lactantius Instit. VH, 18.) „Wenn aber dieses also geschieht , o Asklepius, dann wird der Herr und Vater und Gott, der Schöpfer des ersten und einen Gottes, sein Auge diesen Dingen zuwenden und durch seinen Willen seine Welt wieder zu ihrem ursprünglichen Zustand zurückführen, indem er das Gute der Unordnung entgegenstemmt, von der Verirrung zurückruft und die Schlechtigkeit austilgt, bald durch Wasserfluten, mit denen er die Erde überschwemmt, bald durch Feuergluten, mit denen er sie ausbrennt, bisweilen auch durch Kriege und Seuchen, womit er sie bedrängt; auf dass auch der Welt wieder Anbetung und Bewunderung gezollt, und der Gott, der dieses herrliche Werk geschaffen und wiederhergestellt hat, von den Menschen, deren es dann wieder eine große Anzahl geben wird, mit Lob und Preis gefeiert werde."

Diese Darstellung ist nun, wie bemerkt, deswegen merkwürdig für uns, weil sie das einzige uns bekannte Beispiel einer auf heidnischem Boden entstandenen apokalyptischen Weissagung ist. Denn diejenige des angeblichen Mederkönigs Hystaspes, welcher nach Lactantins Instit. VH, 15. 18 in grauer Vorzeit für das Ende der Tage nicht allein den dereinstigen Untergang des Römerreichs, sondern auch ein Einschreiten des Zeus gegen das Verderben der Menschen und eine Vertilgung aller Gottlosen vorhergesagt hatte — diese Weissagung stammte doch wohl von einem Juden oder Christen her, wenn sie sich auch, der von ihr vorgenommenen Maske zuliebe, des heidnischen Gottesnamens bediente. Nun ist es allerdings wohl möglich, dass der Verfasser des „Asklepius" durch jüdische und christliche Weissagungen, wie etwa die der sibyllinischen Orakel, veranlasst worden war, die Rettung seines Glaubens in ähnlicher Weise, wie dies die Juden und Christen mit dem ihrigen gemacht hatten, von einer wunderbaren Veränderung des ganzen Weltzustandes zu erwarten. Allein wenn diese Erwartung auf einem von ihrer ursprünglichen Heimat so verschiedenen Boden Wurzel schlagen konnte, so beweist dies, dass eben jetzt die Anhänger der ägyptisch-griechischen Religion und Philosophie in eine ähnliche Lage geraten waren, wie die, aus welcher die jüdisch - christliche Apokalyptik ursprünglich hervorging; und es verdient die Beachtung der Geschichtsforscher, dass dies schon so früh der Fall war. Da Lactantius in einer Schrift aus dem ersten oder zweiten Jahrzehnt des vierten Jahrhunderts unsere Darstellung schon berücksichtigt, so werden wir diese nicht über das Ende des dritten Jahrhunderts herabrücken dürfen; einige (in dem obigen Auszug übergangene) Sätze im 24. und 26. Kapitel des „Asklepius", worin ein gesetzliches Verbot der Götterverehrung unter Androhung der Todesstrafe geweissagt wird, müssen mit Bernays für spätere Zutaten gehalten werden, denn vor dem Gesetz des Kaisers Constantius vom Jahr 353 ist kein derartiges Verbot erlassen worden. Längere Zeit vor 300 n. Chr. wird der „Asklepius" allerdings nicht verfasst sein, da die Zustände, die er voraussetzt, nicht viel früher eingetreten sein können. Aber mögen wir ihn auch noch so nahe an diesen Zeitpunkt heranrücken, so bleibt es doch immer höchst merkwürdig, wenn schon damals, noch vor dem Beginn der Diokletianischen Christenverfolgung, die Dinge, wenigstens in Ägypten, so lagen, dass ein eifriger Anhänger der alten Religion ihren bevorstehenden Untergang als einen Erfolg voraussah, der nur noch durch ein unmittelbares Einschreiten der Gottheit abgewendet werden könne. Wenn es sich auch in anderen Teilen des römischen Reichs ähnlich verhielt, so begreift man um so eher, dass der Entscheidungskampf zwischen den beiden Religionen, der unmittelbar nach der Abfassung unserer Schrift unter Diokletian ausbrach, nicht zum Sieg des Heidentums führen konnte, und dass Constantinas politischer Scharfblick das Stärkeverhältnis der Parteien richtig beurteilte, wenn er in den Christen, trotz ihrer Minderzahl, den Teil sah, der allein ihm für seine Herrschaft und seine Umgestaltung des Römerreichs eine zuverlässige Stütze zu bieten versprach.

---

{NOTIZEN}

*Es ist nicht bekannt, dass in der Geschichte jemals eine der prophezeiten Apokalypsen eingetreten wäre.*

# URSACHEN VON CO2-SCHWANKUNGEN IN DER ERDGESCHICHTE

Die $CO_2$-Konzentration im Känozoikum

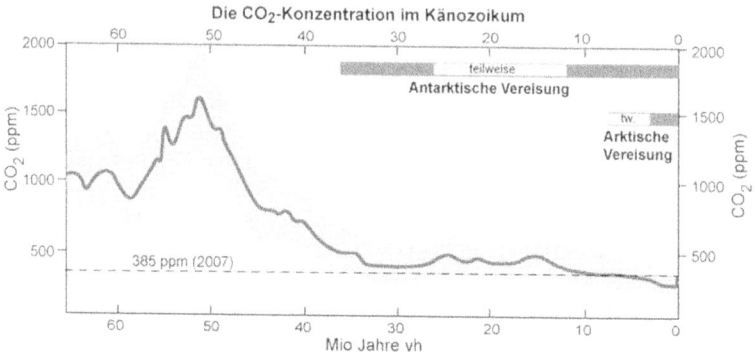

*Der CO2-Gehalt der Atmosphäre der letzten 60 Millionen Jahre bis zum Jahr 2007. Die Vergletscherung der Arktis und Antarktis während des Känozoischen Eiszeitalters fällt in diesen Zeitraum.* [2]

**Kohlenstoffdioxid (CO2)**[3] ist als Spurengas mit einem Volumenanteil von etwa 0,04 % (etwa 400 ppm) in der Atmosphäre enthalten. Der Massenanteil beträgt etwa 0,06 %.

Trotz der geringen Konzentration ist Kohlenstoffdioxid für das Leben auf der Erde in vielerlei Hinsicht von elementarer Bedeutung: Pflanzen nehmen das für sie lebensnotwendige Spurengas auf und geben Sauerstoff ab (Photosynthese), während bei der Atmung der allermeisten Lebewesen und vielen anderen natürlichen Prozessen Kohlenstoffdioxid freigesetzt und in die Erdatmosphäre abgegeben wird.

Im Verlauf der Erdgeschichte schwankte der atmosphärische CO2-Gehalt erheblich und war häufig an einer Reihe gravierender Klimawandel-Er-

---

2 Von Dieter Kasang Redaktionelle Betreuung des Wiki Klimawandel.Freier Mitarbeiter beim Hamburger Bildungsserver zum Thema KlimawandelProjektleiter "Schulprojekt Klimawandel"E-Mail-Adresse: kasang(at)dkrz.deAnmeldung zur Mitarbeit an kasang(at)dkrz.deEigene Darstellung nach Hansen, J. et al. (2008): Target Atmospheric CO2: Where Should Humanity Aim? - http://wiki.bildungsserver.de/klimawandel/index.php/Kohlendioxid_in_der_Erdgeschichte, CC BY-SA 3.0, https://commons.wikimedia.org/w/index.php?curid=61085594

3 Seite „Kohlenstoffdioxid in der Erdatmosphäre". In: Wikipedia, Die freie Enzyklopädie. Bearbeitungsstand: 8. Oktober 2019, 14:28 UTC. URL: https://de.wikipedia.org/w/index.php?title=Kohlenstoffdioxid_in_der_Erdatmosph%C3%A4re&oldid=192961200 (Abgerufen: 14. Oktober 2019, 16:22 UTC)

eignisse direkt beteiligt.

Im Gestein der Erde sind etwa 65.500 Gigatonnen Kohlenstoff gespeichert. In der Erdatmosphäre befinden sich etwa 3.000 Gigatonnen $CO_2$, dies entspricht etwa 800 Gigatonnen Kohlenstoff – also etwa 1,2 Prozent der fossilen Menge.

Im **Kohlenstoffzyklus** wird ständig eine sehr große Menge an Kohlenstoff zwischen Atmosphäre und anderen Depots wie z. B. Meere, Lebewesen und Böden ausgetauscht. Die meisten $CO_2$-Quellen haben einen natürlichen Ursprung und werden durch natürliche $CO_2$-Senken ausgeglichen. Die atmosphärische Kohlenstoffdioxidkonzentration wird vom Stoffwechsel der Lebewesen auf der Erde, aber auch von Reaktionen beeinflusst, die unabhängig von jeglichem Leben ablaufen und ihren Ursprung in physikalischen und chemischen Prozessen haben. Die Zeitkonstante, d. h. die Geschwindigkeit dieser Vorgänge variiert stark und reicht von wenigen Stunden bis zu mehreren Jahrtausenden.

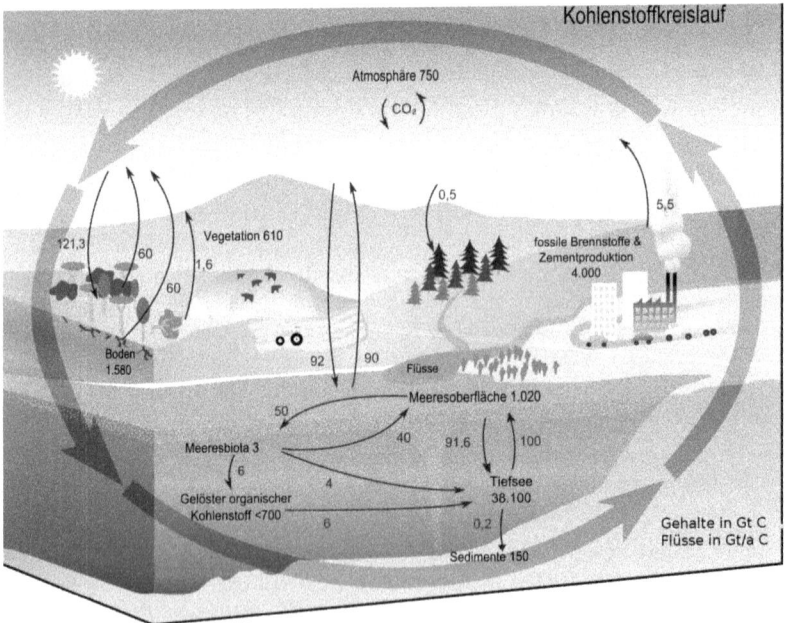

*Diagramm des **Kohlenstoffkreislaufs**: Die schwarzen Zahlen zeigen an, wie viele Milliarden Tonnen oder Gigatonnen Kohlenstoff (Gt C) in den verschiedenen Reservoiren vorhanden sind; die violetten Zahlen geben an, wie viel Kohlenstoff zwischen den einzelnen Speichern pro Jahr (Gt/a C) ausgetauscht wird.* [4]

---

4 Von Carbon_cycle-cute_diagram-german.svg: *derivative work: FischXCarbon_cycle-cute_diagram.svg: *derivative work: FischXCarbon_cycle-cute_diagram.jpeg: User Kevin

Die Kohlenstoffdioxidkonzentration der jungen Erde hatte ihren Ursprung in *vulkanischer Aktivität*, die der Atmosphäre bis heute Kohlenstoffdioxid zuführt und aktuell ca. 150 bis 260 Megatonnen Kohlenstoffdioxid jährlich freisetzt. Seit Bestehen der Erde wird das Spurengas durch *Verwitterung von Gestein* wieder aus der Atmosphäre entfernt. Ein Teil wird auch *durch biogene Sedimentation abgelagert* und dem Kreislauf damit entzogen.

Diesen abiotischen Prozessen stehen erheblich größere Stoffströme gegenüber, die von der Atmung von Lebewesen herrühren. Zu den natürlichen Kohlenstoffdioxid-Quellen zählt auch die Verbrennung organischen Materials durch Waldbrände.

Da sich CO2 gut in Wasser löst, bewirkt eine Konzentrationsänderung dieses Spurengases in der Luft auch den Gehalt an Kohlensäure und damit den pH-Wert der Meere und Seen der Erde.

Im frühen und mittleren Paläozän (vor 66–60 Millionen Jahre) lag die CO2-Konzentration überwiegend im Bereich von 300 bis 400 ppm und stieg nach neueren Erkenntnissen bis zum Beginn des eozänen Klimaoptimums (vor 56 Millionen Jahre) auf etwa 1.400 ppm. Als wahrscheinliche Ursachen für den rasch auftretenden Erwärmungsprozess gelten die **vulkanischen Emissionen** der Nordatlantischen Magmatischen Großprovinz während der Bildung und Ausdehnung des Nordatlantiks sowie die sehr schnelle Drift des heutigen Indiens in Richtung Norden, bei der im Rahmen der Subduktion (=Absenken) karbonatreichen Meeresbodens große Mengen des Treibhausgases in die Atmosphäre gelangten. Dieser Anstieg fand vor 50 Millionen Jahren nach der Kollision der Indischen Platte mit dem asiatischen Kontinent sein Ende. Die anschließende Auffaltung des Himalaya war ein primärer Faktor für die nun einsetzende CO2-Reduktion, die durch die Erosion des sich auffaltenden Gebirges verursacht wurde. Kurz darauf, vor 49 Millionen Jahren, sank der atmosphärische CO2-Gehalt im Zuge des Azolla-Ereignisses deutlich unter 1000 ppm.

Vor 56 Millionen Jahren, an der Grenze zwischen Paläozän und Eozän, kam es mehrfach zu großen Kohlenstoffeinträgen in die Atmosphäre. Während des Paläozän/Eozän-Temperaturmaximums (PETM) wurden über einen Zeitraum von vermutlich 4.000 Jahren geschätzte 2500 bis 6800 Gigatonnen Kohlenstoff freigesetzt. Bis heute ist nicht geklärt, woher dieser umfangreiche Kohlenstoffzuwachs stammte; **die damit verbundene Klimaerwärmung um etwa 6 °C war jedoch so groß, dass es unwahrscheinlich ist, dass die Treibhausgas-Wirkung von Kohlenstoffdioxid alleine dafür ausgereicht hätte.**

Im späten Eozän vor rund 35 Millionen Jahren lag der atmosphärische $CO_2$-Gehalt zwischen 700 und 1000 ppm. Vor 33,7 Millionen Jahren kam es zu einer **abrupten globalen Abkühlung an Land und in den Meeren**, die eventuell mit der Entstehung des Antarktischen Zirkumpolarstroms in Verbindung stehen könnte. Innerhalb kürzester Zeit nahm die $CO_2$-Konzentration um 40 % ab und sank möglicherweise für einige Jahrtausende noch tiefer. Der rasche Klimawandel führte zu einem großen Artensterben mit anschließendem Faunenwechsel, der Grande Coupure (Eocene-Oligocene Mass Extinction), und zur selben Zeit begann das Wachstum des antarktischen Eisschilds. Neuere Untersuchungen gehen davon aus, dass die Vereisung, vor allem von Ostantarktika, bei einem $CO_2$-Schwellenwert von ungefähr 600 ppm einsetzte.

Es gibt geologische Hinweise, dass vor 23 Mio. Jahren, am Beginn des Miozän, die $CO_2$-Konzentration auf einen Wert von etwa 350 ppm sank. Im miozänen Klimaoptimum vor 19 bis 15 Mio. Jahren stieg der $CO_2$-Gehalt zeitweise wieder über 500 ppm. Während dieser Warmzeit, die sehr wahrscheinlich durch massive Kohlenstoffdioxid-Ausgasungen des Columbia-Plateaubasalt forciert wurde, verlor der damalige Antarktische Eisschild einen Großteil seiner Masse, ohne indes ganz abzuschmelzen. Unter dem Einfluss **starker Erosions- und Verwitterungsprozesse** sank die $CO_2$-Konzentration gegen Ende des Optimums vor 14,8 Millionen Jahren unter 400 ppm, und es begann eine kühlere Klimaphase mit einer erneuten Ausbreitung des Antarktischen Eisschilds.

---

## (NOTIZEN)

*Wenn, wie oben gesagt, die Klimaerwärmung um 6° C so groß war, dass dies **nicht allein auf die Wirkung von CO2 zurückgeführt** werden kann, dann folgt daraus, dass es auch andere Faktoren gibt, die zur Klimaerwärmung führen und dass es somit **keinen direkten kausalen Zusammenhang zwischen CO2-Emission und Klimaerwärmung** gibt!*

Beispiele für statistische **Korrelationen**, bei denen kein kausaler (Ursache-Wirkungs)-Zusammenhang besteht.

1. Aus Ländern in denen die meiste Schokolade konsumiert wird, kommen die meisten Nobelpreisträger.

Erklärung: Schokolade bringt keine Nobelpreisträger hervor. Es gibt keinen kausalen Zusammenhang.

2. In Ländern mit den meisten Fleischskandalen sterben die meisten Menschen an Krankheiten des Herz-Kreislaufsystems.

Erklärung: Fleischskandale sind nicht ursächlich für Krankheiten. Es gibt keinen direkten kausalen Zusammenhang.

3. In gleichem Maße wie die der Anteil der Photovoltaik an der Stromerzeugung in Deutschland zugenommen hat, sind die Umsätze mit Pay-TV gestiegen.

Erklärung Es gibt keinen kausalen Zusammenhang zwischen Anteil der Photovoltaik und Umsätze mit Pay-TV.

4. In dem Maße wie Menschen mehr $CO_2$-Emissionen verursachen, in dem Maße nimmt die Klimaerwärmung zu.

Erklärung: Vielleicht gibt es eine **statistische Korrelation** zwischen diesen beiden Größen. Allerdings bedeutet Korrelation **keinen Ursache-Wirkungs-Zusammenhang** wie die Beispiele davor zeigen. Deshalb muss man sich die Frage stellen:

*Was, wenn die globale Klimaerwärmung nicht durch den Menschen, sondern durch ganz andere Faktoren verursacht wird, als von Anhängern der CO2-Treibhaus-Theorie propagiert?*

# KORRELATION[5] UND SCHEINKAUSALITÄT

Eine **Korrelation** (mittellat. correlatio für „Wechselbeziehung") beschreibt eine Beziehung zwischen zwei oder mehreren Merkmalen, Ereignissen, Zuständen oder Funktionen. Die Beziehung muss keine kausale Beziehung sein: manche Elemente eines Systems beeinflussen sich gegenseitig nicht, oder es besteht eine stochastische, also vom Zufall beeinflusste Beziehung zwischen ihnen.

- In der Statistik wird der Zusammenhang zwischen zwei statistischen Variablen mit verschiedenen Zusammenhangsmaßen gemessen. Ein bekanntes Zusammenhangmaß ist der Korrelationskoeffizient von Bravais und Pearson.
- In der Signalanalyse bzw. Bildanalyse wird zur Beschreibung des Zusammenhangs zweier Signale mit unterschiedlichen Zeit- bzw. Ortsverschiebungen die Kreuzkorrelationsfunktion eingesetzt. Für Details siehe Korrelation (Signalverarbeitung).
- In der Informationstheorie kann die allgemeine (nicht notwendigerweise lineare) Korrelation zweier Zufallsgrößen mit Hilfe der Transinformation quantifiziert werden.
- In der Softwaretechnik bezeichnet der Korrelationstest ein Verfahren, in dem nicht nur einzelne Parameter einer Funktion auf Plausibilität (zum Beispiel in Datentyp oder Wertebereich) geprüft werden, sondern auch Kombinationen dieser Parameter berücksichtigt werden.
- In der archäologischen und geologischen Stratigraphie ist Korrelation die anhand gleicher Merkmale feststellbare relative Altersgleichheit räumlich getrennter Schichten(folgen)

## Beschreibung

Eine Korrelation als Maß des Zusammenhangs soll zwei Fragen klären:

### Wie stark ist der Zusammenhang?

Die Maßzahlen der Korrelation liegen betragsmäßig meist in einem Be-

---

5Seite „Korrelation". In: Wikipedia, Die freie Enzyklopädie. Bearbeitungsstand: 8. August 2019, 05:51 UTC. URL: https://de.wikipedia.org/w/index.php? title=Korrelation&oldid=191144710 (Abgerufen: 17. Oktober 2019, 10:36 UTC)

reich von Null (=kein Zusammenhang) bis Eins (=starker Zusammenhang). Betrachtet man die Haar- und Augenfarbe von Studenten, so ergibt sich ein korrigierter Kontingenzkoeffizient von 0,55. Da dieser im mittleren Bereich zwischen Null und Eins liegt, haben wir einen mittelstarken Zusammenhang vorliegen.

## Falls möglich, welche Richtung hat der Zusammenhang?

Ein Beispiel für eine positive Korrelation (wenn mehr, dann mehr) ist: „Mehr Futter, dickere Kühe." Ein Beispiel für eine negative oder Antikorrelation (wenn mehr, dann weniger) ist: „Mehr zurückgelegte Strecke mit dem Auto, weniger Treibstoff im Tank."

Oft gibt es Sättigungsgrenzen. Beispiel: Wenn ich mehr Gas gebe, fährt mein Auto schneller (aber nicht schneller als seine technisch bedingte Maximalgeschwindigkeit). In vielen Korrelationen der Wirtschaft gilt: die Grenzkosten steigen und der Grenznutzen sinkt.

## Wie ist die Skalierung der an der Korrelation beteiligten Variablen?

Wichtig zur Bestimmung des Korrelationskoeffizienten ist das jeweilige Skalenniveau. Je nach Skalenpaarung ist ein anderes Korrelationsmaß zu bestimmen und unterschiedlich zu interpretieren, beispielsweise CramersV oder Phi bei nominaler Paarung, Spearmans Rangkorrelationskoeffizient bei ordinaler Paarung und der Produkt-Moment-Korrelationskoeffizient von Bravais und Pearson bei der Korrelation metrisch (auch kardinal) skalierter Merkmale.

# Von der Korrelation zum Kausalzusammenhang

Eine Korrelation beschreibt jedoch keine Ursache-Wirkungs-Beziehung in die eine und/oder andere Richtung, d. h. aus einem starken Zusammenhang folgt nicht, dass es auch eine eindeutige Ursache-Wirkungs-Beziehung gibt.

Beispiele:

- Aus der Tatsache, dass in Sommern mit hohem Speiseeisumsatz viele Sonnenbrände auftreten, kann man nicht schlussfolgern, dass Eisessen Sonnenbrand erzeugt.

- Zwischen dem Rückgang der Störche im Burgenland und einem

Rückgang der Anzahl Neugeborener könnte es durchaus eine Korrelation geben. Diese Korrelation hätte ihre Ursache aber weder darin, dass Störche Kinder bringen, noch darin, dass Störche sich zu Kindern hingezogen fühlen. Der Zusammenhang wäre sehr viel indirekterer Natur.

- Menschen, die viel Lachen, geben in Meinungsumfragen regelmäßig an, glücklicher zu sein als andere. Da diese beiden Phänomene stets zusammen auftreten, ist denkbar,

  - dass glückliche Menschen mehr Lachen,

  - dass Menschen, die viel zu Lachen haben, dadurch glücklicher werden,

  - dass es gar keinen direkten Zusammenhang gibt, sondern dass sowohl das Lachen wie auch das Glück davon abhingen, wie das Wetter an dem Tag war, an dem die Beobachtungen gemacht wurden.

In den ersten beiden Beispielen hängen die jeweiligen Messgrößen über eine dritte Größe ursächlich zusammen. Im ersten Fall ist es die Sonneneinstrahlung, die sowohl Eisverkauf als auch Sonnenbrand bewirkt, im zweiten Fall die Verstädterung, die sowohl Nistplätze vernichtet als auch dazu führt, dass Menschen weniger Kinder bekommen. Korrelationen dieser Art werden **Scheinkorrelationen** genannt.

In der Presse werden Korrelationen oft in einer Weise berichtet, die eine direkte Kausalität suggeriert, obwohl eine Gemengelage direkter und indirekter Zusammenhänge besteht.

Beispiele für Schlagzeilen:

- Zuwanderer sind häufiger kriminell

- $CO_2$ erklärt Nahtoderfahrung

- Größere Leute verdienen mehr

- Glückliche Menschen sind gesünder

- Senkung der Arbeitslosigkeit erfordert starkes Wirtschaftswachstum

In manchen Fällen mag die vermutete und ggf. naheliegende Kausalität (Ursache-Wirkungs-Gefüge) tatsächlich vorliegen, **die reine Feststellung einer Korrelation lässt eine solche Aussage aber nie mit Sicherheit zu.**

# Vom Kausalzusammenhang zur Korrelation

Liegt allerdings tatsächlich eine Ursache-Wirkungs-Beziehung vor, dann erwartet man eine Korrelation von Ursache und Wirkung. Eine Korrelation wird als Indiz dafür gewertet, dass zwei statistische Größen ursächlich miteinander zusammenhängen **könnten**.

Das funktioniert immer dann besonders gut, wenn beide Größen durch eine „Je ... desto"-Beziehung (Proportionalität) miteinander zusammenhängen und eine der Größen alleine von der anderen Größe abhängt.

Beispielsweise kann man nachweisen, dass Getreide unter bestimmten Bedingungen besser gedeiht, wenn man es mehr bewässert. Diese Erkenntnis beruht auf dem Wissen über das Getreide – zum Beispiel durch Erfahrung oder wissenschaftliche Überlegungen. Die Korrelation unterscheidet nicht, ob das Wasser direkt auf das Wachstum des Getreides wirkt, oder ob es nicht etwa stattdessen die Lebensbedingungen eines Pflanzenschädlings verschlechtert, der darum das Wachstum des Getreides weniger stark behindert, als zuvor. Eine Ursache-Wirkung-Beziehung kann nur beschreiben, welche Seite (hier das Wasser) eine Wirkung (das Wachstum des Getreides) hat. Gibt es mehrere Einflussfaktoren auf das Wachstum des Getreides (beispielsweise die Temperatur, den Nährstoffgehalt des Bodens, das einfallende Licht usw.), ist die Menge des Wassers nicht mehr die einzige Erklärung für das Wachstum des Getreides. Die Erklärungskraft reduziert sich somit. Die Korrelation zwischen der Menge des Wassers und dem Wachstum des Getreides bleibt jedoch unverändert; sie ist ein tatsächlicher Zusammenhang, den man aber nicht immer beweisen bzw. vollständig beschreiben kann.

# Fehlschlüsse – Cum hoc ergo propter hoc

Der Fehlschluss von Korrelation auf Kausalität wird auch als **Cum hoc ergo propter hoc** bezeichnet. Um Kausalitäten wirklich herstellen und Kausalitätsrichtungen definieren zu können, ist grundsätzlich eine substanzwissenschaftliche Betrachtung notwendig. Die Frage „warum wirkt sich Lärm im Haus negativ auf die Intelligenz der Kinder aus?" kann in diesem Fall nur von Personengruppen mit entsprechendem Fachwissen, wie zum Beispiel Psychologen und Umweltwissenschaftlern, erklärt werden.

**Zur Beurteilung einer Hypothese wären zum Beispiel Experimente nötig, bei denen ein Faktor experimentell festgelegt wird** (z. B. der Lärm im Haus) und der andere Faktor gemessen wird (z. B. Intelligenz der Kinder). Solche Experimente würden mithilfe der Regressionsanalyse oder Va-

rianzanalyse evaluiert. Eine Regression dagegen beschreibt den Zusammenhang, kann ihn aber nicht erklären. Viele derartige Experimente sind nicht
durchführbar:

- zu lange Dauer und/oder
- zu hohe Kosten und/oder
- unethisch.

Aufgrund ihres Fokus auf den Menschen sind für viele sozialwissen-
schaftliche und medizinische Fragestellungen nur korrelative Studien, meist
aber keine Experimente ethisch zu rechtfertigen. Um Korrelationsergebnisse
als kausal interpretieren zu können, sind weitere Untersuchungen erforder-
lich (dabei können z. B. langzeitige Zusammenhänge hilfreich sein; dazu
macht man Längsschnittstudien). **Teilweise werden korrelative Studien
fälschlicherweise wie Experimente interpretiert.**

---

## (NOTIZEN)

Um zu beurteilen, ob zwischen $CO_2$ und **globaler** Klimaerwärmung ein
ursächlicher Zusammenhang besteht, wären also Experimente notwendig,
wie im Wikipedia-Artikel beschrieben. Solche Experimente habe ich allerdings nicht finden können.

*Ist der Schluss von $CO_2$ in der Atmosphäre auf die globale
Klimaerwärmung ein Fehlschluss? Ist eine eventuell vorhande-
ne Korrelation eine Scheinkorrelation, weil es **einen dritten
Faktor** gibt, der für beides die Ursache ist?*

# DER DRITTE FAKTOR

## Kosmische Strahlung als Klimafaktor: Die Rolle der Sonne beim Klimawandel[6]

**Technische Universität Dortmund**

IDW 04.10.2010 12:50

Vor allem der Ausstoß von Kohlendioxid, verursacht durch die Menschen, ist für die globale Erwärmung verantwortlich – das ist die vorherrschende Meinung in der Debatte um den Klimawandel. Aber auch andere Faktoren wirken auf das Klima: Der Physiker Prof. Werner Weber, Inhaber des Lehrstuhls für Theoretische Festkörperphysik der TU Dortmund, untersucht, welche Rolle die Sonnenzyklen beim Klimawandel spielen. Anhand von langjährigen Daten zur Sonneneinstrahlung fand er starke Hinweise dafür, dass die Sonnenaktivität die Aerosolbildung in der Atmosphäre und damit die Sonneneinstrahlung auf die Erdoberfläche beeinflusst.

Seine Erkenntnisse wurden nun im Fachmagazin »Annalen der Physik« veröffentlicht. Dass die Sonnenaktivität einen Einfluss auf unser Klima hat, wird schon lange vermutet, nur ist bisher umstritten, wie hoch er ist. Eine Theorie lautet, dass der Klimawandel direkt mit der Sonnenabstrahlung zusammenhängt: Während eines meist elf Jahre dauernden Zyklus der Sonnenaktivität verändert die Sonne auch ihre mittlere Temperatur. Bei steigender Aktivität wird sie etwas heißer und strahlt mehr Licht ab. Da in den letzten 50 Jahren mehrere starke Sonnenzyklen auftraten, hat auch die Sonnenabstrahlung zugenommen. Dieser Beitrag allein kann aber den Klimawandel nicht erklären. Doch es gibt eine **weitere indirekte Beeinflussung, und zwar durch die kosmische Strahlung**, erklärt Dr. Patrick Grete, der an Webers Lehrstuhl mitarbeitete und dessen Ergebnisse im populärwissenschaftlichen Onlinejournal SOLONline veröffentlicht hat.

**Diese Strahlung, in der Regel Protonen und Alpha-Teilchen**, wird durch die Magnetfelder der Sonne abgelenkt und damit teilweise von der Erde ferngehalten. Auch das hängt von der Sonne ab: In Zeiten schwacher Sonnenaktivität sind auch die solaren Magnetfelder schwach und lassen mehr kosmische Strahlung zur Erde durch. In der Erdatmosphäre erzeugt sie Ionen von Luftmolekülen, die sich sofort mit einer Hülle von Wassermolekülen umgeben. Dies ist seit langem bekannt. Weber allerdings nimmt an, dass diese Wasserhülle die positiv und negativ geladenen Ionen davon ab-

6 https://idw-online.de/de/news389740

33

hält, sich beim Zusammentreffen durch Ladungsaustausch auszulöschen – sie bleiben als neutrale Wassertröpfchen bestehen, die beide Ionensorten enthalten. Die Ionen der Luftmoleküle sind also im Wasser in gleicher Weise gelöst wie die Ionen eines Salzes. So sind sie sehr stabil und können sich als Aerosole lange in der Atmosphäre aufhalten.

**Ist die Sonne schwach aktiv, lassen also die solaren Magnetfelder viel kosmische Strahlung zur Erde durch, werden besonders viele Aerosole in der Atmosphäre gebildet.** Sie streuen und absorbieren das einfallende Sonnenlicht – darum kommt bei geringer Aktivität deutlich weniger Licht auf der Erdoberfläche an als in aktiven Zeiten. Die Auswertung der Messdaten aus 100 Jahren zeigt, dass **dieser Effekt etwa zehnmal so stark auf die Erderwärmung wirkt wie die Änderung der direkten Sonnenabstrahlung.**

Das solare Minimum zwischen dem Ende des letzten und dem Beginn des jetzigen Zyklus der Sonnenaktivität dauerte sehr lange. Auch im neuen Zyklus, der 2008 begann, ist die Sonne bisher sehr ruhig. Darum, so glaubt Werner Weber, wird die globale Erwärmung in den kommenden Jahren stagnieren, vielleicht sogar in eine Abkühlphase umschlagen.

Er hält es auch für möglich, den von ihm postulierten Effekt für die strategische Bekämpfung der Erderwärmung einzusetzen: Unter dem Oberbegriff »Geo-Engineering« werden schon heute Methoden erdacht, gezielt in die Kreisläufe der Erde einzugreifen um den Klimawandel abzuschwächen. Der Abkühlungseffekt könnte verstärkt werden, wenn solche Ionen zur Aerosolbildung zusätzlich in die Atmosphäre eingebracht würden. Es wäre womöglich nicht das erste Mal: Während des Kalten Krieges gelangte im Zuge der Kernwaffenversuche ähnlich viel ionisierende Strahlung in die Atmosphäre wie sonst durch die kosmische Strahlung. **Die globale Kälteperiode von 1950 bis 1970** nannten die Medien damals „kleine Eiszeit".

**Kontakt**
Prof. Werner Weber
werner.weber@tu-dortmund.de
Tel.: 0231/755-3563, 0231/463212

Dr. Patrick Grete
grete@fkt.physik.tu-dortmund.de
Ruf 755-5306

**Weitere Informationen**
Werner Weber: Strong signature of the active Sun in 100 years of terre-

strial insolation data. In: Annalen der Physik, Ausg. 522(6)/2010.

Download: http://t2.physik.tu-dortmund.de/de/mitglieder/weber/veroef-fentlichungen/andp372_...

---

## NOTIZEN

*Es gibt somit auch eine andere Erklärung als die CO2-Hypothese für die globale Erwärmung. Die Frage ist nur, woher kommt das CO2 in der Atmosphäre, wenn die globale Erwärmung durch kosmische Einflüsse verursacht wird?*

# Die Sonne steuerte das Klima in der Eiszeit

### GEOMAR Helmholtz-Zentrum für Ozeanforschung Kiel

IDW 04.09.2014 16:08

In einer Modellstudie rekonstruierten Klimaforscher des GEOMAR Helmholtz-Zentrum für Ozeanforschung Kiel das Verhältnis zwischen Sonnenaktivität und Klima während der letzten Eiszeit. Sie konnten mit ihrem Klima-Chemie-Modell einen wesentlichen Beitrag zu einer Studie der schwedischen Lund University leisten, die jetzt in der internationalen Fachzeitschrift Nature Geoscience publiziert wurde.

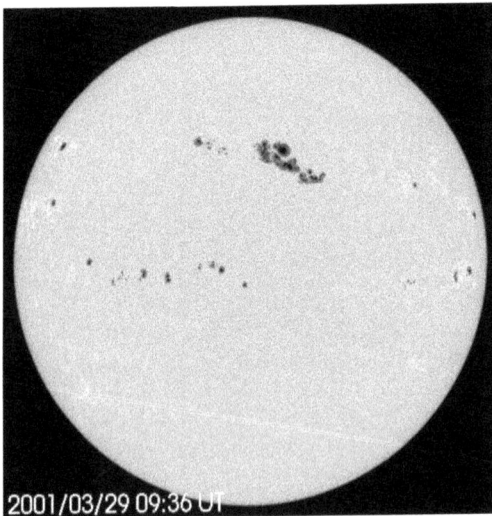

*Magnetfelder treten aus bestimmten Regionen der Sonnenoberfläche aus und vermindern dadurch lokal die Leuchtkraft der Sonnenstrahlen. Sonnenflecken werden somit als dunkle Flecken wahrgenommen. Foto: SOHO (ESA & NASA)*

Ein bekanntes Verhaltensmuster der Sonne ist ihre **unregelmäßige Sonnenaktivität**. Der bekannteste Aktivitätszyklus der Sonne ist der elfjährige Sonnenfleckenzyklus, bei dem sich alle elf Jahre Sonnenfleckenmaxima und -minima abwechseln. Es sind aber auch Schwankungen auf anderen Zeitskalen bekannt. Sonnenflecken sind Stellen auf der Oberfläche der Sonne, die dunkler erscheinen, weil sie Sonnenstrahlen mit verminderter Leuchtkraft ins Universum abgeben. **Gleichzeitig verlässt dort sehr energiereiche Strahlung, vor allem im UV-Bereich, die Sonne**. Während des

Sonnenfleckenminimums gibt es weniger Sonnenflecken und es kommt daher weniger energiereiche Sonnenstrahlung auf der Erde an, bei einem Sonnenfleckenmaximum ist es genau umgekehrt.

Mehr Sonnenstrahlung, insbesondere im UV-Bereich, führt im Sonnenfleckenmaximum zu einer Erwärmung der Stratosphäre (zwischen 15 und 50 km) in den Tropen und zu einer verstärkten Ozonproduktion. Dies führt wiederum über komplizierte Wechselwirkungsmechanismen zu Zirkulationsänderungen in der Atmosphäre, die bis zum Erdboden zu spüren sind. Die Mechanismen, wie Änderungen in der Sonnenaktivität die Atmosphäre beeinflussen, sind allerdings immer noch Gegenstand aktueller Forschung. Insbesondere wird über den Zusammenhang von großen Sonnenfleckenminima mit kalten, schneereichen Wintern spekuliert oder **ob die momentan geringere Sonnenaktivität für die Pause in der globalen Erderwärmung** verantwortlich sein könnte.

Wissenschaftlern der Universität Lund (Schweden) ist es jetzt in Kooperation mit den GEOMAR-Klimaforschern Prof. Dr. Katja Matthes und Dr. Rémi Thiéblemont gelungen, die Sonnenaktivität bis zur letzten Eiszeit zu rekonstruieren. Die Studie wurde im August in der internationalen Fachzeitschrift Nature Geoscience veröffentlicht.

Um Aufschlüsse über die damalige Sonnenaktivität zu bekommen, als Schweden und Norddeutschland unter einem dicken Eispanzer lagen, wurden Eisbohrkerne aus Grönland verwendet. Das Auswertungsprinzip funktioniert wie bei Baumringen: Im Eisbohrkern sind verschiedene Schichten zu sehen, die Informationen über Temperatur- und Niederschlagsverhältnisse enthalten. Die radioaktiven, kosmischen Moleküle Beryllium und Kohlenstoff spielen hierbei eine wichtige Rolle. Sie entstehen nämlich immer dann in der Atmosphäre, wenn das Magnetfeld um die Erde zu schwach ist und viel kosmische Strahlung durchlässt. Wenn im Eisbohrkern also viel radioaktives Beryllium und Kohlenstoff vorhanden ist, weist das auf eine schwache Schutzschicht und somit auf eine geringe Sonnenaktivität hin.

Eine kombinierte Analyse aus Eisbohrkernen und Tropfsteinen der Wissenschaftler der Lund University erlaubte eine Rekonstruktion der Sonnenaktivität bis zum Ende der letzten Eiszeit. Sie zeigen, dass der elfjährige Sonnenfleckenzyklus auch damals existierte und offensichtlich ein typisches Muster der Sonnenaktivität darstellt. „Erstmals ist es gelungen eine hochauflösende Aufzeichnung der Sonnenaktivität nachzuweisen", sagt Prof. Matthes. „Mit unserem Klimamodell, welches die Übertragung des Sonnensignales von der Stratosphäre bis zum Erdboden genauer als andere Modelle enthält, konnten wir die für ein Sonnenfleckenminimum typischen atmosphärischen Zirkulationsmuster rekonstruieren und so Rückschlüsse auf mögliche Temperatur- und Niederschlagsverhältnisse über Grönland gewinnen, die den Verhältnissen zum Ende der letzten Eiszeit sehr nahe kommen. **Die Übereinstimmung ist beeindruckend und lässt vermuten, dass der Mechanismus für die Beeinflussung des Klimas durch solare Aktivität damals und heute sehr ähnlich funktioniert.**"

Die Ergebnisse bestätigen die Hinweise aus anderen Studien, dass Jahre mit geringer Sonnenaktivität mit strengen Wintern auf der Nordhalbkugel zusammenhängen. Ein Beispiel dafür ist der starke Wintereinbruch, verbunden mit Schneefall und Stürmen, wie wir es 2008 und 2010 in Nordeuropa und Nordamerika erlebten. In diesen Jahren befanden wir uns in einem Sonnenfleckenminimum.

„Der Effekt der Sonnenaktivität auf regionale Klimaschwankungen ist sehr aufschlussreich. Abschätzungen der zukünftigen Sonnenaktivität könnten zu genaueren Klimavorhersagen innerhalb der nächsten Jahrzehnte führen", erklärt Prof. Matthes.

**Weitere Informationen:**

http://www.geomar.de/ Das GEOMAR Helmholtz-Zentrum für Ozeanforschung Kiel

http://www.lunduniversity.lu.se/o.o.i.s?id=24890&news_item=6165 Pressemitteilung der Lund Universität (Schweden)

---

## NOTIZEN

*Offensichtlich hat nicht das CO2 in der Atmosphäre das Klima der Eiszeit gesteuert, sondern ein kosmischer Mechanismus, nämlich die solare Aktivität. Gibt es noch andere Mechanismen, welche die Temperatur der Erde beeinflussen?*

# Vulkanisches CO2 als Ursache globaler Erwärmung vor 56 Millionen Jahren?[7]

GEOMAR Helmholtz-Zentrum für Ozeanforschung Kiel

## Schlüssige Beweise für die Ursache des Paläozän/Eozän-Temperaturmaximums vorgelegt

IDW 30.08.2017/Kiel. Ein in geologischen Maßstäben rasanter globaler Temperaturanstieg zwischen den Erdzeitaltern Paläozän und Eozän wird in der Wissenschaft gern als Vergleichsfall für den aktuellen Klimawandel herangezogen. Seine Ursachen sind aber noch umstritten. Ein internationales Forschungsteam unter Leitung der Universität Southampton (UK) und des GEOMAR Helmholtz-Zentrums für Ozeanforschung Kiel veröffentlicht jetzt in der Fachzeitschrift Nature neue Ergebnisse, die das Temperaturmaximum auf starken Vulkanismus im Nordatlantik zurückführen.

Vor etwa 56 Millionen Jahren stiegen die globalen Durchschnittstemperaturen innerhalb weniger tausend Jahre um **mindestens fünf Grad Celsius**. Damals erlebte die Erde eine der extremsten Klimaveränderungen ihrer jüngeren Geschichte. Da die Erwärmung den Übergang zwischen den Erdzeitaltern Paläozän und Eozän markiert, wird sie als Paläozänes/Eozänes-Temperaturmaximum (PETM) bezeichnet. Erst etwa 150.000 Jahre später gingen die globalen Temperaturen wieder auf Werte fast wie vor Beginn des PETMs zurück. Da der rasante Temperaturanstieg zu Beginn des PETMs durchaus mit der derzeitigen Klimaerwärmung vergleichbar ist, wird er auch immer wieder als Referenz für aktuelle Entwicklungen herangezogen. Zu den genauen Ursachen des PETMs gibt es in der Forschung aber noch unterschiedliche Theorien.

Neue Untersuchungen eines internationalen Wissenschaftsteams unter Leitung der Universität Southampton (UK) und des GEOMAR Helmholtz-Zentrums für Ozeanforschung Kiel führen das PETM auf massive vulkanische Kohlendioxid-Emissionen im Zuge der Öffnung des Nordatlantiks zurück. Wie das Team jetzt in der internationalen Fachzeitschrift Nature schreibt, verdoppelte sich der CO2-Gehalt der Atmosphäre im Laufe des PETMs innerhalb von weniger als 25.000 Jahren.

„Es gibt zahlreiche Theorien zur Ursache des PETMs. Das reicht von Meteoriteneinschlägen bis zur Auflösung von Gashydraten", erklärt der Er-

---

7 https://idw-online.de/de/news680115

stautor der Studie, Dr. Marcus Gutjahr vom GEOMAR. „Daneben wurde schon lange vermutet, dass große Mengen Kohlenstoff, die in den Ozean und die Atmosphäre gelangten, das PETM ausgelöst haben könnten". Doch die genaue Quelle dieses Kohlenstoffs und die Gesamtmenge, die freigesetzt wurde, waren bis jetzt schwer fassbar.

Außerdem war bekannt, dass das PETM ungefähr zeitgleich mit den **vulkanischen Aktivitäten** begann, die Grönland von Nordwesteuropa trennten. Der heutige Vulkanismus auf Island ist ein kleines Überbleibsel dieser Prozesse. „Aber bisher fehlte ein direkter Nachweis für die ursächliche Verknüpfung dieser beiden Vorgänge", sagt Dr. Gutjahr, der die Studie als Postdoc in Southampton begonnen hat.

Um die CO2-Quelle zu identifizieren, haben er und seine Kolleginnen und Kollegen zunächst mit einer neuen Methode die Veränderungen des pH-Wertes im Ozean während des PETMs rekonstruiert. „Diese Methode beruht auf der Messung verschiedener Isotope der Elemente Bor und Kohlenstoff in mikroskopisch kleinen Meeresfossilien, sogenannten Foraminiferen", erklärt Dr. Gutjahr. Southampton und Kiel gehören zu den wenigen Standorten weltweit, wo derartige Untersuchungen durchgeführt werden.

„Der pH-Wert des Ozeans verrät uns, wie viel Kohlendioxid das Meerwasser zu jener Zeit aus der Atmosphäre aufgenommen hat. Die zusätzlich gemessene Kohlenstoffzusammensetzung lässt zudem Rückschlüsse zu, woher dieser Kohlenstoff stammt", erklärt ergänzend Professor Andy Ridgwell von der University of California in Riverside, Koautor der Studie. „Wenn wir beide Informationen in einem globalen Klimamodell berücksichtigen, kann nur der großflächige Vulkanismus bei der Öffnung des Nordatlantiks Hauptursache des PETMs gewesen sein".

Im Detail zeigte die Analyse der Daten, dass während des PETMs mehr als 12.000 Milliarden Tonnen Kohlenstoff aus einer überwiegend vulkanischen Quelle in die Atmosphäre gelangten. **Das ist 30 Mal mehr als alle bisher verbrannten fossilen Brennstoffe und alle noch vorhandenen Reserven für fossile Brennstoffe zusammen.** Im Klimamodell der Forschergruppe führte die Menge dazu, **dass die Konzentration des atmosphärischen CO2 von etwa 800 ppm auf über 2000 ppm anstieg (gegenwärtig liegt der Kohlendioxidgehalt der Erdatmosphäre bei etwa 400 ppm).**

„Wie das Klimasystem vor 56 Millionen Jahren auf die Kohlenstoff-Spritze reagiert hat, verdeutlicht uns, wie es in Zukunft auf den vom Menschen verursachten Klimawandel reagieren könnte", sagt Koautor Professor Gavin Foster von der University of Southampton.

**Originalarbeit:**

Gutjahr, M., A. Ridgwell, P. F. Sexton, E. Anagnostou, P. N. Pearson, H. Pälike, R. D. Norris, E. Thomas and G. L. Foster (2017): Very large release of mostly volcanic carbon during the Paleocene-Eocene Thermal Maximum. Nature, http://dx.doi.org/10.1038/nature23646

---

## (NOTIZEN)

*Kann es sein, dass der Einfluss des Verbrennens fossiler Brennstoffe auf den Kohlendioxidgehalt der Atmosphäre viel geringer ist, als von Anhängern der CO2-Treibhaus-Theorie unterstellt wird?*

*(siehe dazu obige Aussage, dass 30Mal mehr als alle noch vorhandenen Reserven für fossile Brennstoffe in die Atmosphäre gelangten und dabei der Kohlendioxidgehalt der Atmosphäre* **nicht auf den 30fachen heutigen Wert, sondern nur auf den 5fachen Wert anstieg***)*

*Da wir Menschen allenfalls den 30ten Teil der damaligen 12.000 Milliarden Tonnen Kohlenstoff verbrennen können, weil es nicht mehr fossile Brennstoffreserven gibt, würde das auch höchstens den 30ten Teil der damaligen Mengen an CO2 in die Atmosphäre gelangen lassen.*

*Eine kurze Rechnung zeigt, dass dadurch der Kohlendioxidgehalt der Atmosphäre nur um etwa 40 ppm (= 10% gegenüber dem jetzigen Stand) zunehmen würde, also* **in keinster Weise besorgniserregend ist.**

**Das einzig Besorgniserregende ist, dass in einem solchen Fall sämtliche fossilen Brennstoffreserven aufgebraucht wären, aber nicht dass durch menschengemachtes CO2 sich das Klima wesentlich ändern würde.**

*Aber was ist dann die Ursache für den Klimawandel?*

41

# Treibhauseffekt durch kosmische Strahlung[8]

Dr. Josef König Dezernat Hochschulkommunikation

**Ruhr-Universität Bochum**

Als die treibende Kraft des Klimas auf der Erde haben der Bochumer Geologe Prof. Dr. Jan Veizer und der Israelische Astrophysiker Prof. Dr. Nir J. Shaviv (Hebrew University, Jerusalem) einen neuen Verdächtigen ausgemacht: Kosmische Strahlung (cosmic ray flux, CRF) könnte der Hauptmotor der Erwärmung und Abkühlung sein. Über ihre Ergebnisse berichten die Forscher in der Zeitschrift "GSA Today" der Geological Society of America vom 1. Juli 2003.

Bochum, 01.07.2003

Nr. 202

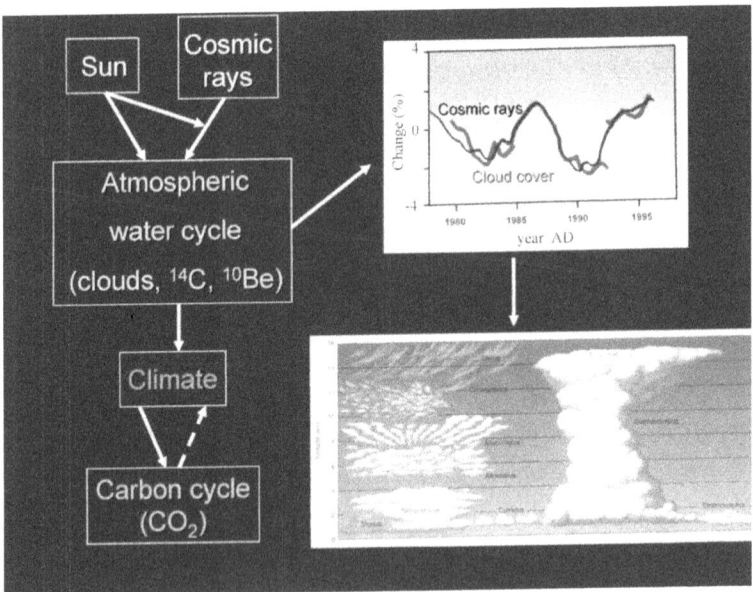

*Zusammenspiel von kosmischer Strahlung und unserem Klima*

---

8 https://idw-online.de/de/news65971

## Himmlischer Treibhauseffekt
### Kosmische Strahlung bestimmt unser Klima
### GSA Today: Wasserkreislauf ist Klimatreiber Nr. 1

Als die treibende Kraft des Klimas auf der Erde haben der Bochumer Geologe Prof. Dr. Jan Veizer und der Israelische Astrophysiker Prof. Dr. Nir J. Shaviv (Hebrew University, Jerusalem) einen neuen Verdächtigen ausgemacht: Kosmische Strahlung (cosmic ray flux, CRF) könnte der Hauptmotor der Erwärmung und Abkühlung sein. Bei ihrem Auftreffen auf die Erdatmosphäre beeinflusst sie die Wolkenbildung und so den Wasserkreislauf der Erde. Die Forscher verglichen die Klimadaten der letzten 600 Millionen Jahre mit der Intensität der kosmischen Strahlung in dieser Zeit und fanden eine übereinstimmende Periodizität. Zwei Drittel der Temperaturschwankungen auf der Erde sind durch die kosmische Strahlung erklärbar. Über ihre Ergebnisse berichten sie in der Zeitschrift "GSA Today" der Geological Society of America vom 1. Juli 2003.

## Hierarchie der Zyklen berücksichtigen

Das Klima auf der Erde wird durch viele verschiedene Faktoren beeinflusst, die in verschiedenen großen und kleinen, sichtbaren und unsichtbaren Kreisläufen voneinander abhängen. Bisherige Klimamodelle betrachteten oft kleine Zyklen, ohne größere zu berücksichtigen: "Wir dürfen keinen statischen Hintergrund für irdische Zyklen annehmen", so Prof. Veizer, "wir müssen 4,5 Mrd. Jahre zurückblicken bis an den Anfang unseres Sonnensystems." So untersuchten die Forscher das Erdklima und die Zusammensetzung der Atmosphäre anhand von Sedimenten wie Kohlen und Salzen, Fossilien und sog. Drop Stones: Steine, die in Kälteperioden in Eisbergen eingeschlossen Richtung Äquator wanderten und beim Schmelzen des Eises zu Boden sanken. Je näher am Äquator sie zu finden sind, desto kälter muss das Klima gewesen sein.

## Wolken haben Einfluss

Das Ergebnis: Das Klima auf der Erde hat sich im Rhythmus von ca. 140 Mio. Jahren zyklisch erwärmt und abgekühlt. Was war der Motor dafür? Irgendein Klimatreiber muss auf die Erde gewirkt haben, denn da die Sonne am Anfang ihres Lebens noch um ca. 30 Prozent kälter war als heute, hätte sonst die Erde bis vor ca. 1 Mrd. Jahren tiefgefroren sein müssen. Spuren von Leben und Wasser existieren aber für die letzten rund 4 Mrd. Jahre. **Wäre CO2 der Antreiber, hätte der Gehalt in der Atmosphäre ca. 1.000**

43

- **10.000-mal so hoch gewesen sein müssen wie heute.** Solche Mengen sind aber nicht an den Sedimenten abzulesen. Die Treibhausgase $CO_2$ und Methan können also nicht für die Temperatursteigerung verantwortlich gemacht werden. Übrig bleibt das - damals wie heute - wichtigste Treibhausgas Wasserdampf. Möglicherweise gab es weniger Wolken, die Sonnenwärme konnte ungehindert bis zur Erdoberfläche gelangen. "Einige Modelle zeigen, dass Wolken bis zu 50 Prozent der Sonnenschwankungen auffangen können", so Prof. Veizer. Es schließt sich die nächste Frage an: Was treibt den Wasserzyklus an?

## Verbindungsstück zwischen Kosmos und Klima

Der Kontakt mit dem Astrophysiker Prof. Nir J. Shaviv brachte Veizer auf eine neue Spur: Shaviv hatte den Einfall kosmischer Strahlung auf die Erde für die letzten 600 Mio. Jahre untersucht und eine Zyklizität festgestellt, die mit der des Erdklimas übereinstimmte. Die Forscher machten sich auf die Suche nach der Verbindung zwischen kosmischen Strahlen und dem Wasserkreislauf. Bei ihrer Recherche stießen sie auf Experimente in Gaskammern, die zeigten, dass Strahlungspartikel beim Auftreffen auf das Gas auf bisher nicht ganz geklärte Weise sog. Keime erzeugen, die zur Kondensation und somit zur Wolkenbildung im Gas führen. Diese Kausalität steht in Einklang mit den Ergebnissen von Satellitenbeobachtungen der letzten Jahre. Wolken schirmen die Erde vor der Sonnenwärme ab, indem sie die thermische Energie ins All zurückstrahlen (Albedo). Umgekehrt bilden sich bei geringer kosmischer Strahlung weniger Wolken, die Sonne kann die Erde erwärmen.

## Die Sonnenzyklen und ihre Folgen

Die Sonne selbst durchlebt verschiedene Zyklen, z. B. entwickeln sich periodisch mehr oder weniger Sonnenflecken, die mit erhöhter Aktivität der Sonne einhergehen. Diese Unterschiede allein sind aber zu schwach, um die irdischen Klimaschwankungen zu erklären. Sie werden jedoch dadurch verstärkt, dass bei größerer Sonnenaktivität auch das Magnetfeld der Sonne wächst und kosmische Strahlung von der Erde weglenkt. Es treffen also weniger kosmische Partikel auf die Atmosphäre, es entwickeln sich weniger Wolken und es wird wärmer.

## Die Milchstraße bestimmt mit

Der Einfall kosmischer Strahlung auf der Erde hängt außerdem davon ab, wo in der Galaxie sich unser Sonnensystem gerade befindet. Die Strah-

lung ist dort am stärksten, wo sich neue Sterne bilden, was in den spiralför-
migen Armen der Milchstraße der Fall ist. Wenn wir etwa alle 150 Mio.
Jahre einen solchen Arm passieren, steigt die Strahlungsintensität an und es
kommt zu einer Kälteperiode. Die Klimavariationen durch diese Passagen
sind ca. zehnmal so stark wie die durch die Sonne verursachten.

## Wasserdampf ist Klimatreiber

Diese neuen Funde belegen die große Bedeutung des Wasserkreislaufs
als Klimafaktor und stellen die weitverbreitete Annahme infrage, dass $CO_2$
die treibende Kraft der Erderwärmung sei. **"Der Fall liegt umgekehrt"**, so
Veizer, **"$CO_2$ reitet quasi Huckepack auf dem Wasserkreislauf**, denn
bei der Photosynthese müssen Pflanzen fast 1.000 Wassermoleküle ausat-
men, um ein einziges $CO_2$-Molekül aufzunehmen." Wenn es wärmer wird,
beschleunigt sich der irdische Wasserkreislauf, die Bioproduktivität erhöht
sich, Bodenorganismen atmen vermehrt $CO_2$ aus. Eisbohrungen zeigten,
dass in Phasen der Erwärmung der $CO_2$-Gehalt der Luft erst rund 800 Jahre
nach dem Temperaturanstieg wuchs. $CO_2$ könnte jedoch ein Treibhaus-ver-
stärkender Faktor sein.

### Titelaufnahme

Shaviv, Nir J.; Veizer, Jan: Celestial Driver of Phanerozoic Climate? In:
GSA Today, Vol. 13, No. 7, 1. Juli 2003, S. 4-10

### Weitere Informationen

Prof. Dr. mult. Jan Veizer, Fakultät für Geowissenschaften der Ruhr-
Universität Bochum, 44780 Bochum, NA 2/125, Tel. 0234/32-28250, Fax:
0234/32-14571, E-Mail: jan.veizer@ruhr-uni-bochum.de

---

(NOTIZEN)

*Zitat aus obigem Artikel:*

**Wäre $CO_2$ der Antreiber, hätte der Gehalt in der Atmosphäre
ca. 1.000 - 10.000-mal so hoch gewesen sein müssen wie
heute.**

*Die Reihenfolge ist also anders, nicht die Zunahme von*

*CO2 in der Atmosphäre führt zur Klimaerwärmung, sondern umgekehrt:*
**die Klimaerwärmung führt zu mehr CO2 in der Atmosphäre.**

*Doch wodurch wird der Klimawandel verursacht?*

# Ein neuer Blick auf den Klimawandel in der Erdgeschichte[9]

GEOMAR Helmholtz-Zentrum für Ozeanforschung Kiel

IDW 22.05.2019 10:56

**Schwankungen der Erdbahnparameter gelten als Auslöser für langzeitliche Klimaschwankungen** wie zum Beispiel Eiszeiten. Dazu zählt **die Variation des Neigungswinkels der Erdachse** mit einem Zyklus von etwas 40.000 Jahren. Kieler Meeresforscher unter der Leitung des GEOMAR Helmholtz-Zentrums für Ozeanforschung Kiel haben mit Hilfe einer neuartigen Modellstudie gezeigt, dass auch biogeochemische Wechselwirkungen zwischen Ozean und Atmosphäre für Klimaschwankungen auf dieser Zeitskala verantwortlich sein könnten. Die Studie ist in der renommierten Fachzeitschrift Nature Geoscience erschienen.

Die Klimageschichte der Erde ist geprägt von periodischen Veränderungen, die in der Regel auf Schwankungen in der Sonneneinstrahlung, die die Erdoberfläche erreicht, zurückgeführt werden. Diese Sonneneinstrahlung ist auf geologischen Zeitskalen nicht konstant, sondern wird durch zyklische Änderungen der Erdbahnparameter moduliert. Einer der wichtigsten Parameter, die sich auf die Sonneneinstrahlung und damit auch auf das Klima auswirken, ist die Neigung der Erdrotationsachse (Ekliptikschiefe), die sich mit einer Periodizität von etwa 40.000 Jahren ändert. Chemische und isotopische Signaturen in Sedimenten, die während der Kreidezeit (145-66 Mio. Jahre vor heute) und in anderen Perioden der Erdgeschichte abgelagert wurden, dokumentieren regelmäßige Änderungen der Temperatur und des Kohlenstoffkreislaufs auf dieser Zeitskala. Es wird angenommen, dass die 40.000-Jahre-Zyklen, die in den geologischen Klimaarchiven gefunden wurden, das Ergebnis der durch die Erdachsenneigung verursachten Einstrahlungsänderungen ist, die die Oberflächentemperatur, die Zirkulation von Ozean und Atmosphäre, den Wasserkreislauf, die Biosphäre, und letztendlich den Kohlenstoffkreislauf beeinflussen. Eines der Probleme dieser Standardtheorie ist, dass die Änderungen der globalen Sonneneinstrahlung sehr gering sind und durch bisher schlecht verstandene positive Rückkopplungsmechanismen verstärkt werden müssen, um das globale Klima hinreichend zu beeinflussen.

Eine ganz andere Perspektive ergibt sich aus Untersuchungen, die Kieler Wissenschaftler unter der Leitung des GEOMAR Helmholtz-Zentrums für Ozeanforschung Kiel mit einem neuen numerischen Modell der marinen

---

9 https://idw-online.de/de/news716156

Biosphäre durchgeführt haben. Es simuliert den Umsatz der Planktonbiomasse im Ozean und die damit verbundenen mikrobiellen Oxidations- und
Reduktionsreaktionen, die die Gehalte an gelöstem Sauerstoff, Sulfid, Nähr-
stoffen und Plankton im Ozean steuern. **Überraschenderweise fanden die
Forscher bei ihren Experimenten eine von der Einstrahlung unabhän-
gige Schwankung auf der Zeitskala von 40.000 Jahren, der stark genug
wäre globale Klimaschwankungen auszulösen**, berichten sie in der Fachzeitschrift Nature Geoscience.

„In unserem Modell wird der Kohlenstoffkreislauf weitgehend durch das
im Oberflächenozean lebende Plankton gesteuert", erklärt Prof. Dr. Klaus
Wallmann vom GEOMAR, Hauptautor der Studie. Das Plankton verbraucht
über die Photosynthese atmosphärisches Kohlendioxid ($CO_2$), während Mikroorganismen, die die Planktonbiomasse abbauen, $CO_2$ zurück in die Atmosphäre abgeben. Da Kohlendioxid ein starkes Treibhausgas ist, beeinflusst der biologische $CO_2$-Umsatz die Oberflächentemperaturen und das
globale Klima. Das Wachstum von Plankton wird durch Nährstoffe gesteuert, die an einer Reihe von mikrobiellen Oxidations- und Reduktionsreaktionen beteiligt sind.

„Wir haben dieses neue biogeochemische Modell in ein Zirkulationsmo-
dell des Kreideozeans integriert, und es erzeugt ohne weitere Antriebe, einen unabhängigen 40.000-Jahre-Klimazyklus", so Dr. Sascha Flögel, Ko-
Autor der Studie vom GEOMAR. „Unserer Ansicht nach wird der Zyklus
durch ein Netz positiver und negativer Rückkopplungen ausgelöst, die auf
dem sauerstoffabhängigen Umsatz von Stickstoff, Phosphor, Eisen und
Schwefel im Ozean beruhen. Daten die aus chemischen und Isotopenanaly-
sen aus Sedimentproben des Kreideozeans gewonnen wurden, zeigen peri-
odische Schwankungen, die mit unseren Modellergebnissen übereinstim-
men", so Flögel weiter.

Daraus ergibt sich für die Kieler Forscher eine neue Sichtweise des Klimawandels, die sich in Hinblick auf Ursachen und Auswirkungen radikal
von der Standardorbitaltheorie unterscheidet. **Die marine Biosphäre bestimmt das Tempo und die Amplitude, indem sie den $CO_2$-Gehalt in
der Atmosphäre reguliert. „Unsere neue Theorie wird durch Beobachtungen gestützt** und steht im Einklang mit unserem Verständnis der bio-
geochemischen Zyklen im Ozean", sagt Prof. Wallmann.

„Die Neigung der Erdachse und andere Erdbahnparameter können sich
jedoch auch auf den globalen Klimawandel auswirken, wenn ihre empfind-
lichen Auswirkungen auf die Sonneneinstrahlung durch positive Rückkopplungsmechanismen verstärkt werden. Daher können die in geologischen
Proben gefundenen periodischen Klimaschwankungen sowohl den Atem
der Biosphäre als auch die Reaktion des Erdsystems auf Änderungen der
Bahnparameter und die Sonneneinstrahlung widerspiegeln", so der an der

Studie beteiligte Prof. Dr. Wolfgang Kuhnt von der Kieler Christian-Albrechts-Universität.

**Hinweise:**

Diese Studie wurde von der Deutschen Forschungsgemeinschaft im Rahmen des Sonderforschungsbereiches 754 (Klima-Biogeochemische Wechselwirkungen im Tropischen Ozean) und durch das Emmy Noether Programm (Nachwuchsgruppe ICONOX) unterstützt.

Die Modellierungsexperimente wurden ferner von der Helmholtz-Gemeinschaft im Rahmen des ESM Projektes gefördert.

**Wissenschaftliche Ansprechpartner:**

Prof. Dr. Klaus Wallmann, 04316002287, kwallmann@geomar.de

**Originalpublikation:**

Wallmann, K., S. Flögel, F. Scholz, A. W. Dale, T. P. Kemena, S. Steinig and W. Kuhnt, 2019: Periodic changes in the Cretaceous ocean and climate caused by marine redox see-saw. Nature Geoscience, doi: https://doi.org/10.1038/s41561-019-0359-x

---

## (NOTIZEN)

*Zusammengefasst ergibt sich somit folgender neuer Blick auf den Klimawandel:*

- *Im Kapitel "Kosmische Strahlung als Klimafaktor:" wurde beschrieben wie die schwankende kosmische Strahlung einen starken Einfluss auf den Klimawandel hat.*

- *Das Kapitel "Treibhauseffekt durch kosmische Strahlung" legte die Reihenfolge von Ursache und Wirkung beim Klimawandel offen, nämlich dass erst die Klimaerwärmung kommt und dann zu mehr CO2 in der Atmosphäre führt.*

- *In diesem Kapitel ging es schließlich um die Schwankung der Erdbahnparameter in Verbindung mit der sich*

*ändernden marinen Biosphäre, die dadurch einen Ein-*
*fluss auf den Klimawandel und gleichzeitig auf die*
*CO2-Regulation in der Atmosphäre hat.*

# Den Quellen von Kohlendioxid auf der Spur: ein neues Analysengerät auf dem Jungfraujoch[10]

IDW 19.11.2008

*Gasproben fließen kontinuierlich in die Messkammer des CO2-Isoto-penmessgeräts hinein.* [11]

*Woher kommt das Kohlendioxid in der Atmosphäre? Und welchen Ein-fluss haben menschliche Aktivitäten auf die Konzentration von CO2, dem wichtigsten Treibhausgas? Wie viel davon ist biologischen Ursprungs? Und wo genau entsteht das CO2? Diese Fragen möchten Empa-Forscher beant-worten. Sie nahmen deshalb vor kurzem auf dem Jungfraujoch das weltweit erste CO2-Isotopenmessgerät in Betrieb. Mit diesem können sie sowohl den Ursprung als auch die geographische "Herkunft" der aufgespürten Kohlen-dioxid-Moleküle aufklären.*

Das vom Menschen durch Verbrennen von Erdgas und Erdöl entstehen-de Kohlendioxid (CO2) gilt als Hauptursache für die globale Erwärmung. "Um den globalen Zyklus zu verstehen, müssen wir allerdings zuerst einmal herausfinden, mit welchen CO2-Molekülen wir es überhaupt zu tun haben",

---

10 https://idw-online.de/de/news289627

11 Quelle: https://idw-online.de/de/image?id=80078&size=screen

sagt Lukas Emmenegger, Chemiker in der Abteilung "Luftfremdstoffe/Umwelttechnik" der Empa. "Wir müssen wissen, durch welche Prozesse die Kohlendioxid-Moleküle entstanden sind." Ein neues, einzigartiges Gerät soll Erklärungen liefern, wie viel des weltweiten $CO_2$ fossilen Ursprungs ist - beziehungsweise durch rein biologische Prozesse in die Atmosphäre gelangt.

Emmenegger und sein Team entwickelten deshalb zusammen mit dem Neuenburger Unternehmen Alpes Lasers und Aerodyne Research, einem Industriepartner aus den USA, ein Spektrometer zur kontinuierlichen Messung stabiler Kohlendioxid-Isotope. Finanziert wurde das Projekt vom Nationalen Forschungsschwerpunkt Quantenphotonik (NCCR QP) und dem Bundesamt für Umwelt (BAFU). Seit August 2008 ist das so genannte Quantenkaskadenlaser-Spektrometer auf dem Jungfraujoch im Einsatz - und liefert nonstop - in Echtzeit - Messwerte via Internet direkt in die Empa-Labors in Dübendorf.

**Jedes Kohlendioxidmolekül besitzt eine unverwechselbare Isotopensignatur**

Denn Kohlendioxid entsteht nicht nur beim Verbrennen fossiler Brennstoffe. Weltmeere liefern eine Menge $CO_2$, und auch Pflanzen, Bakterien und andere Lebewesen produzieren das Klimagas, ein Endprodukt sämtlicher Atmungsprozesse. Natürlich interessiert der anthropogene Anteil - das vom Menschen verursachte $CO_2$ - die ForscherInnen (und die PolitikerInnen) besonders. Um die verschiedenen $CO_2$-Quellen und -Senken dingfest zu machen, kommt ihnen die Natur zu Hilfe: Kohlendioxidmoleküle aus Verbrennungsprozessen unterscheiden sich von "biologisch produziertem" $CO_2$ in ihrer "Isotopensignatur"; die Kohlenstoff- und Sauerstoffatome, aus denen Kohlendioxid besteht, haben je nach dessen Ursprung leicht unterschiedliche Zusammensetzungen. Um diese zu messen, wird das Verhältnis zweier verschiedener Typen von Kohlenstoff- und Sauerstoffatomen bestimmt, die in den $CO_2$-Molekülen auftreten.

Deshalb nimmt Markus Leuenberger von der Universität Bern seit einigen Jahren regelmäßig Luftproben auf dem Jungfraujoch und bestimmt deren $CO_2$-Isotopensignatur. Zur Auswertung müssen die einzelnen Stichproben jeweils in ein Labor mit geeignetem Massenspektrometer gebracht werden. Mit dem neuen an der Empa entwickelten Quantenkaskadenlaser-Spektrometer werden die Messungen nun vollautomatisch mehrmals pro Minute durchgeführt; die Messwerte können bequem über eine Internetverbindung ausgewertet werden.

**Wie kam das Kohlendioxid in die Atmosphäre?**

Doch damit (noch) nicht genug. Die Empa-Forscher wollen auch wissen, wo größere $CO_2$-Quellen lokalisiert sind. "Es reicht nicht zu wissen, wie viele der unterschiedlichen CO2-Moleküle sich in den Luftproben befinden", sagt Empa-Wissenschaftler Emmenegger. "Wir wollen auch herausfinden, woher diese stammen." Hier hilft ihm ein weiterer Forschungsschwerpunkt der Empa-Abteilung "Luftfremdstoffe/Umwelttechnik" weiter - das Modellieren von atmosphärischen Strömungen. Durch die Analyse vergangener Wetterlagen und Luftbewegungen lässt sich der von den Luftmassen zurückgelegte Weg berechnen. Werden die Kohlendioxid-Isotopenmessungen mit Messungen anderer Schadstoffe ergänzt und mit Wettermodellen kombiniert, so ergibt sich eine Bildfolge. Emmenegger: "Indem wir den Film rückwärts laufen lassen, können wir Quellen und Senken des Kohlendioxids identifizieren."

Die Auswertung der Daten steht noch am Anfang.

Weitere Informationen

Dr. Lukas Emmenegger,Luftfremdstoffe/Umwelttechnik, Tel. +41 44 823 46 99, lukas.emmenegger@empa.ch

---

# Mögliche CO2-Quellen

Im Gestein der Erde sind etwa 65.500 Gigatonnen Kohlenstoff gespeichert. In der Erdatmosphäre befinden sich etwa 3.000 Gigatonnen CO2, dies entspricht etwa 800 Gigatonnen Kohlenstoff – also etwa 1,2 Prozent der fossilen Menge.[12]

Im Kohlenstoffzyklus wird ständig eine sehr große Menge an Kohlenstoff zwischen Atmosphäre und anderen Depots wie z. B. Meere, Lebewesen und Böden ausgetauscht. **Die meisten CO2-Quellen haben einen natürlichen Ursprung** und werden durch natürliche CO2-Senken ausgeglichen. Die atmosphärische Kohlenstoffdioxidkonzentration wird vom Stoffwechsel der Lebewesen auf der Erde, aber auch **von Reaktionen beeinflusst, die unabhängig von jeglichem Leben ablaufen und ihren Ursprung in physikalischen und chemischen Prozessen haben.** Die Zeitkonstante, d. h. die Geschwindigkeit dieser Vorgänge variiert stark und reicht von wenigen Stunden bis zu mehreren Jahrtausenden.

Die Kohlenstoffdioxidkonzentration der jungen Erde hatte ihren Ursprung in **vulkanischer Aktivität**, die der Atmosphäre **bis heute Kohlenstoffdioxid zuführt** und aktuell ca. 150 bis 260 Megatonnen Kohlenstoffdi-

---

12 Dieser und die folgenden Absätze: Seite „Kohlenstoffdioxid in der Erdatmosphäre". In: Wikipedia, Die freie Enzyklopädie. Bearbeitungsstand: 8. Oktober 2019, 14:28 UTC. URL: https://de.wikipedia.org/w/index.php?title=Kohlenstoffdioxid_in_der_Erdatmosph%C3%A4re&oldid=192961200 (Abgerufen: 17. Oktober 2019, 13:01 UTC)

oxid jährlich freisetzt. Seit Bestehen der Erde wird das Spurengas durch Verwitterung von Gestein wieder aus der Atmosphäre entfernt. Ein Teil wird auch durch biogene Sedimentation abgelagert und dem Kreislauf damit entzogen.

Diesen abiotischen Prozessen stehen erheblich größere Stoffströme gegenüber, die von der Atmung von Lebewesen herrühren. Zu den natürlichen Kohlenstoffdioxid-Quellen zählt auch die Verbrennung organischen Materials durch Waldbrände.

Da sich $CO_2$ gut in Wasser löst, bewirkt eine Konzentrationsänderung dieses Spurengases in der Luft auch den Gehalt an Kohlensäure und damit den pH-Wert der Meere und Seen der Erde.

Die Ozeane der Erde enthalten in Form von Hydrogencarbonat- und Carbonationen eine große Menge an Kohlenstoffdioxid. Es ist etwa die **50-fache Menge** des Anteils, der sich in der Atmosphäre befindet. Hydrogencarbonat wird durch Reaktionen zwischen Wasser, Fels und Kohlenstoffdioxid gebildet. Ein Beispiel ist die Lösung von Calciumcarbonat:

$$CaCO_3 + CO_2 + H_2O \rightleftharpoons Ca2+ + 2\ HCO_3-$$

Veränderungen der Konzentration der atmosphärischen $CO_2$-Konzentration werden durch Reaktionen wie diese abgeschwächt. Da die rechte Seite der Reaktion eine saure Komponente erzeugt, führt die Zufuhr von $CO_2$ auf der linken Seite zu einer Absenkung des pH-Wertes des Meerwassers. Dieser Vorgang ist unter der Bezeichnung Versauerung der Meere bekannt (der pH-Wert des Ozeans wird saurer, auch wenn der pH-Wert im alkalischen Bereich bleibt). Reaktionen zwischen Kohlenstoffdioxid und Nicht-Carbonat-Felsgestein führen daneben zu einem Konzentrationsanstieg von Hydrogencarbonat in den Meeren. Diese Reaktion kann sich später umkehren und führt zur Bildung von Carbonatgestein. Über den Verlauf von Hunderten von Millionen Jahren erzeugte dies große Mengen an Carbonatgestein.

Gegenwärtig werden ca. 57 % des vom Menschen emittierten $CO_2$ von Biosphäre und Ozeanen aus der Atmosphäre entfernt. Das Verhältnis zwischen der in der Atmosphäre verbleibenden zur insgesamt emittierten Kohlenstoffdioxidmenge wird nach Charles Keeling airborne fraction genannt und mit dem Revelle-Faktor beschrieben; der Anteil variiert um ein kurzfristiges Mittel herum, liegt aber typischerweise bei ca. 45 % über einen längeren Zeitraum von fünf Jahren. Ein Drittel bis die Hälfte des von den Meeren aufgenommenen Kohlenstoffdioxids ging in den Ozeangebieten südlich des 30. Breitengrades in Lösung.

Letztlich wird der größte Teil des durch menschliche Aktivitäten freigesetzten Kohlenstoffdioxids in den Meeren in Lösung gehen, ein Gleichgewicht zwischen der Luftkonzentration und der Kohlensäurekonzentration in den Meeren stellt sich nach ca. 300 Jahren ein. Selbst wenn ein Gleichgewicht erreicht sein wird, sich in den Meeren also auch Carbonat-Mineralien auflösen, wird dort die erhöhte Konzentration von Hydrogencarbonat und die abnehmende bzw. unveränderte Konzentration an Carbonat-Ionen zu einem Konzentrationsanstieg nicht-ionisierter Kohlensäure, bzw. vor allem zu einer erhöhten Konzentration gelösten Kohlenstoffdioxids führen. Dies wird, neben höheren globalen Durchschnittstemperaturen, auch höhere Gleichgewichtskonzentrationen des CO2 in der Luft bedeuten.

**Aufgrund der Temperaturabhängigkeit der Henry-Konstante nimmt die Löslichkeit von Kohlenstoffdioxid in Wasser mit steigender Temperatur ab.**

---

## [NOTIZEN]

*Die Aussage, dass die Löslichkeit von Kohlenstoffdioxid in Wasser mit steigender Temperatur abnimmt führt auf eine wichtige Frage.*

*Was ist, wenn sich beispielsweise **aufgrund kosmischer oder anderer Ursachen** (Sonne, Weltraumstrahlung, Schwankung der Erdbahnparameter usw.) die Temperatur der Ozeane um beispielsweise 1 Grad erhöht?*

*Wie viel CO2 wird dann freigesetzt?*

# WIE VIEL $CO_2$ WIRD FREIGESETZT, WENN DER OZEAN EIN GRAD WÄRMER WIRD?

*von Klaus-Dieter Sedlacek*

Um die Frage der Überschrift zu beantworten benötigt man Informationen über die Löslichkeit von $CO_2$ in Wasser. Hierzu eine Tabelle mit Angaben aus zwei verschiedenen Quellen.

| | 0°C | 30°C | Quelle |
|---|---|---|---|
| $CO_2$ | 3346 mg/Liter Wasser bei einem Druck von 1013,25 hPa | 1257 mg/Liter Wasser bei einem Druck von 1013,25 hPa | https://www.science-at-home.de/wiki/index.php/L%c3%b6slichkeit_von_Gasen_in_Wasser |
| $CO_2$ | 3350 mg/Liter Wasser bei einem Druck von 1013,25 hPa | 1260 mg/Liter Wasser bei einem Druck von 1013,25 hPa | G.H. Aylward, T.J.V. Finley: Datensammlung Chemie in SI-Einheiten, Wiley-VCH 1998 |

Der Unterschied der gelösten $CO_2$-Mengen bei 0° und 30° ist also 3350 - 1260 = 2090 mg/Liter oder in Gramm ausgedrückt, ganze **2,1 Gramm $CO_2$ pro Liter Wasser weniger gelöst** bei 30°C gegenüber 0° Wassertemperatur. Das vorher gelöste $CO_2$ entweicht dann in die Luft.

Näherungsweise können wir davon ausgehen, dass **pro Grad Temperaturanstieg 2,1 Gramm : 30 = 0,07 Gramm $CO_2$ entweichen**. Bezogen auf die ursprüngliche Menge (3,35 g/Liter) wären das ganze **2% pro Grad Temperaturerhöhung. Zwei Prozent ist übrigens der 50te Teil der ursprünglichen Menge.**

> *Weil wir wissen, dass im Ozean 50mal soviel CO2 gespei-*
> *chert ist wie in der Atmosphäre, würde eine Temperaturer-*
> *höhung des Ozeans um ein einziges Grad, genauso viel CO2*
> *freisetzen, wie sich bereits in der Atmosphäre befindet.*

Natürlich ist das nur eine **Näherungsrechnung** und unter der Voraussetzung, dass wir einen linearen Verlauf der freigesetzten Mengen haben.

Doch die Rechnung zeigt, woher riesigen Mengen CO2 stammen und in die Atmosphäre gelangen können, wenn beispielsweise durch kosmische Ursachen sich die Temperatur des Ozeans erhöht. Und das ganz ohne menschliches Zutun.

---

## (NOTIZEN)

*Eine Rechnung im Kapitel "Vulkanisches CO2 als Ursache globaler Erwärmung vor 56 Millionen Jahren?" hat gezeigt, dass der Anteil des menschengemachten CO2 in der Atmosphäre marginal ist (nur 40 ppm bzw. 10%, wenn alle fossilen Brennstoffe verbraucht werden). Die Menge des aus dem Meer in die Atmosphäre freigesetzten CO2 kann dagegen riesig sein, wenn es aufgrund kosmischer Ursachen zur Klimaerwärmung kommt.*

# (NOTIZEN)

# Resümee

WAS nun? Die vorherigen Kapitel waren der Dokumentation einer wissenschaftlichen Seite gewidmet. Es ist nicht jene wissenschaftliche Seite, die derzeit mit viel publizistischem Aufwand der Öffentlichkeit präsentiert wird. Es ist die wissenschaftliche Seite, die bisher kaum Gehör fand, die eher niedergebügelt wurde durch fanatische Klimaaktivisten.

Dieses Kapitel soll einer Meinung gewidmet werden. Es ist die Meinung eines Menschen, dem ein wenig Unwohl wird bei der Hysterie, die sich wegen des Klimawandels bei uns breit macht. Es ist meine Meinung als Herausgeber dieser Schrift. Und wie das so mit Meinungen ist, so möchte ich für mich ebenso das demokratische Recht der freien Meinungsäußerung in Anspruch nehmen, genauso wie ich es allen anderen zugestehe. Ich glaube, das muss ich hier erwähnen, weil es in einem aufgeheizten emotionalen Klima nicht ganz einfach ist, seine Meinung zu sagen, ohne dafür öffentlich abgestraft zu werden.

Als Mathematiker stört mich, dass man aus einer statistischen Korrelation zwischen $CO_2$ und Klimaerwärmung das Ursache-Wirkungs-Prinzip "$CO_2$ ist Schuld an der Klimaerwärmung" herleitet. Warum das keine Fakten sind, sondern ein völliger Fehlschluss ist, habe ich mithilfe eines Wikipedia-Artikels in einem der obigen Kapitel dargestellt.

Ich fürchte, dass es **keine gesicherte Erkenntnis über die Ursachen des Klimawandels** gibt. Aussagen wie "Der Ausstoß von Treibhausgasen führt zur Erderwärmung, das ist weitgehend unstrittig." wie sie von Otmar Edenhofer, dem Vizedirektor des Potsdamer Instituts für Klimafolgenforschung gemacht wurden, halte ich für eine Meinungsäußerung, die nicht belegt ist. Es gibt in den letzten Jahren wohl mehr als 800 wissenschaftliche Veröffentlichungen[13] in den einschlägigen Publikationen **gegen** die $CO_2$-Treibhaushypothese. Und die meisten Veröffentlichungen beruhen auf **Messungen**, nicht auf Modellrechnungen, auf die sich der Weltklimarat IPCC bezieht.

Auf ein paar der Veröffentlichungen gegen die $CO_2$-Treibhaushypothese habe ich in dieser Dokumentation hingewiesen und jeder Leser kann sich davon überzeugen, dass darin durchaus beweiskräftige Argumente enthalten sind.

---

13 https://www.welt.de/debatte/kommentare/article13466483/Die-CO2-Theorie-ist-nur-geniale-Propaganda.html

Aussagen wie sie immer wieder als Beleg für die endgültige Treibhaus-gastheorie vorgebracht werden: *97 Prozent der Wissenschaftlicher seien sich einig*, nachzulesen im Spiegel[14] , sind nicht sehr glaubwürdig. Welche 97 Prozent können da gemeint sein? Wissenschaftler welcher Fachrichtung? (Psychologen, Soziologen, Politikwissenschaftler, Religionswissenschaftler, ...), Oder sind es die Wissenschaftler, die das Hauptgutachten für die Bundesregierung "Welt im Wandel – Gesellschaftsvertrag für eine Große Transformation" erstellt haben? Ich denke, die Aussage über die angeblich 97 Prozent der Wissenschaftler ist unseriös, wenn nicht sogar pure Agitation. Sollte es Agitation sein, müsste man weiter fragen, wer uns Bürger manipulieren will und weshalb? Doch das führt im Zusammenhang mit der Intension dieses Buchs zu weit.

Gehen wir die Kapitel der Reihe nach durch.

Im Kapitel "Welt im Wandel – Gesellschaftsvertrag für eine Große Transformation" geht es um folgende Forderung der Wissenschaftler der WBGU: **„gesellschaftliche Erneuerung durch Einsicht".** Ich frage mich, wie soll die Einsicht aussehen? Was soll werden, wenn die Menschen nicht einsichtig sind. Sollen diejenigen, die nicht einsichtig sind, zur Einsicht gezwungen werden? Will man etwa die Zweifler mundtot machen. Diese Aussicht lässt nichts Gutes erahnen. Kein Wunder wenn so eine Forderung Befürchtungen weckt, dass eine "Klimadiktatur" kommen könnte. Insbesondere wenn man bedenkt, dass die $CO_2$-Treibhaushypothese nicht unangefochten ist, trotz gegenteiliger Behauptungen seiner Anhänger. Behauptungen sind jedoch keine Beweise.

Das nächste Kapitel Antike Prophezeiungen des Weltuntergangs, um neue Einsichten zu erzwingen zeigt wie man in der Weltgeschichte Untergangsszenarien beschworen hat, um die Menschen zu manipulieren und dadurch die **„gesellschaftliche Erneuerung durch Einsicht"** herbeizuführen. Der derzeitige Klimaalarmismus, dass man jetzt und sofort die gesamte Wirtschaft in Deutschland auf klimaneutral transformieren muss, weil es angeblich schon 5 nach 12 ist, erinnert fatal an die "gesellschaftlichen Erneuerungen" der Geschichte, die nichts mit Demokratie, sondern mit Totalitarismus zu tun hatten. Totalitarismus bezeichnet in der Politikwissenschaft eine diktatorische Form von Herrschaft, die, im Unterschied zu einer autoritären Diktatur, in alle sozialen Verhältnisse hineinzuwirken strebt, oft verbunden mit dem Anspruch, einen „neuen Menschen" gemäß einer bestimmten Ideologie zu formen. Meine Meinung ist, wir sollten aufmerksam sein, denn der Totalitarismus verschiedener politischer Systeme des 20. Jahrhunderts, die zum Glück überwunden sind, darf nicht in neuer Form wieder auferstehen.

---

14 http://www.spiegel.de/wissenschaft/natur/0,1518,599990,00.html

Anhänger der CO2-Treibhaushypothese infiltrieren immer mehr Wikipedia-Artikel mit ihren Meinungen, doch zwischen den Zeilen und in manchen Absätzen ist glücklicherweise immer noch sachliche Information enthalten. Diese sachliche Information habe ich im Kapitel URSACHEN VON CO2-SCHWANKUNGEN IN DER ERDGESCHICHTE herausgezogen und wiedergegeben.

In der ersten Grafik fällt auf, dass in den letzten 60 Millionen Jahren fast immer mehr CO2 in der Atmosphäre war, als heute. Warum der heutige Zustand mit seinen geringen CO2-Mengen der Normalzustand sein soll, ist nicht einzusehen.

Die zweite Grafik zeigt den komplexen Kohlenstoffkreislauf. Die größten Kohlenstoffmengen scheinen sich im Meer zu befinden. Im Vergleich dazu ist das, was die Industrie und damit der Mensch in die Atmosphäre entweichen lässt, nur eine unbedeutende Menge (5,5). Darüber hinaus wird deutlich dass viele gewichtigere Einflüsse auf den Kohlenstoffkreislauf einwirken, als der Einfluss des Menschen. Warum der Einfluss des Menschen auf den Klimawandel so bedeutend sein soll, wie uns von Anhängern der CO2-Treibhaushypothese weisgemacht wird, ist nicht einsichtig.

Als Notizen in diesem Kapitel sei erwähnt:

*Wenn, wie [im Beitrag] gesagt, die Klimaerwärmung um 6° C so groß war, dass dies **nicht** allein **auf die Wirkung von CO2** zurückgeführt werden kann, dann folgt daraus, dass es auch andere Faktoren gibt, die zur Klimaerwärmung führen und dass es somit **keinen direkten kausalen Zusammenhang zwischen CO2-Emission und Klimaerwärmung** gibt!*

Beispiele für statistische **Korrelationen**, bei denen kein kausaler (Ursache-Wirkungs)-Zusammenhang besteht.

1. Aus Ländern in denen die meiste Schokolade konsumiert wird, kommen die meisten Nobelpreisträger.

Erklärung: Schokolade bringt keine Nobelpreisträger hervor. Es gibt keinen kausalen Zusammenhang.

2. In Ländern mit den meisten Fleischskandalen sterben die meisten Menschen an Krankheiten des Herz-Kreislaufsystems.

Erklärung: Fleischskandale sind nicht ursächlich für Krankheiten. Es gibt keinen direkten kausalen Zusammenhang.

3. In gleichem Maße wie die der Anteil der Photovoltaik an der Stromerzeugung in Deutschland zugenommen hat, sind die Umsätze mit Pay-TV gestiegen.

Erklärung Es gibt keinen kausalen Zusammenhang zwischen Anteil der Photovoltaik und Umsätze mit Pay-TV.

4. In dem Maße wie Menschen mehr CO2-Emissionen verursachen, in dem Maße nimmt die Klimaerwärmung zu.

Erklärung: Vielleicht gibt es eine **statistische Korrelation** zwischen diesen beiden Größen. Allerdings bedeutet Korrelation **keinen Ursache-Wirkungs-Zusammenhang** wie die Beispiele davor zeigen. Deshalb muss man sich die Frage stellen:

*Was, wenn die globale Klimaerwärmung nicht durch den Menschen, sondern durch ganz andere Faktoren verursacht wird, als von Anhängern der CO2-Treibhaus-Theorie propagiert?*

Im Kapitel "Kosmische Strahlung als Klimafaktor:" notierte ich Folgendes:

*Es gibt somit auch eine andere Erklärung als die CO2-Hypothese für die globale Erwärmung. Die Frage ist nur, woher kommt das CO2 in der Atmosphäre, wenn die globale Erwärmung durch kosmische Einflüsse verursacht wird?*

Im folgenden Kapitel nun, stellte ich fest und fragte:

*Offensichtlich hat nicht das CO2 in der Atmosphäre das Klima der Eiszeit gesteuert, sondern ein kosmischer Mechanismus, nämlich die solare Aktivität. Gibt es noch andere Mechanismen, welche die Temperatur der Erde beeinflussen?*

Das Kapitel "Vulkanisches CO2 als Ursache globaler Erwärmung vor 56 Millionen Jahren?" führte auf eine wichtige Rechnung, nämlich die über die Größe menschlichen Einflusses auf CO2-Emissionen und aufs Klima:

*Kann es sein, dass der Einfluss des Verbrennens fossiler Brennstoffe auf den Kohlendioxidgehalt der Atmosphäre viel geringer ist, als von Anhängern der CO2-Treibhaus-Theorie unterstellt wird?*

*(Siehe dazu [die] Aussage, dass 30Mal mehr als alle noch vorhandenen Reserven für fossile Brennstoffe in die Atmosphäre gelangten und dabei der Kohlendioxidgehalt der Atmosphäre **nicht auf den 30fachen heutigen Wert, sondern nur auf den 5fachen Wert anstieg)***

*Da wir Menschen allenfalls den 30ten Teil der damaligen 12.000 Milliarden Tonnen Kohlenstoff verbrennen können, weil es nicht mehr fossile Brennstoffreserven gibt, würde das auch höchstens den 30ten Teil der damaligen Mengen an CO2 in die Atmosphäre gelangen lassen.*

*Eine kurze Rechnung zeigt, dass dadurch der Kohlendioxidgehalt der Atmosphäre nur um etwa 40 ppm (~ 10% gegenüber dem jetzigen Stand) zunehmen würde, also **in keinster Weise besorgniserregend ist.***

***Das einzig Besorgniserregende ist, dass in einem solchen Fall sämtliche fossilen Brennstoffreserven aufgebraucht wären, aber nicht dass***

*durch menschengemachtes CO2 sich das Klima wesentlich ändern würde.*

*Aber was ist dann die Ursache für den Klimawandel?*

Im Kapitel "Treibhauseffekt durch kosmische Strahlung" fanden wir zumindest folgende Aussage über die Reihenfolge von Ursache und Wirkung im Zusammenhang mit dem Klimawandel:

**Wäre CO2 der Antreiber, hätte der Gehalt in der Atmosphäre ca. 1.000 - 10.000-mal so hoch gewesen sein müssen wie heute.**

*Die Reihenfolge ist also anders, nicht die Zunahme von CO2 in der Atmosphäre führt zur Klimaerwärmung, sondern umgekehrt: die Klimaerwärmung führt zu mehr CO2 in der Atmosphäre.*

*Doch wodurch wird der Klimawandel verursacht?*

Die neuerliche Frage fanden wir im Kapitel "Ein neuer Blick auf den Klimawandel in der Erdgeschichte" beantwortet.

*Zusammengefasst ergibt sich somit folgender neuer Blick auf den Klimawandel:*

*Im Kapitel "Kosmische Strahlung als Klimafaktor:" wurde beschrieben wie die schwankende kosmische Strahlung einen starken Einfluss auf den Klimawandel hat.*

*Das Kapitel "Treibhauseffekt durch kosmische Strahlung" legte die Reihenfolge von Ursache und Wirkung beim Klimawandel offen, nämlich dass erst die Klimaerwärmung kommt und dann zu mehr CO2 in der Atmosphäre führt.*

*In diesem Kapitel ging es schließlich um die Schwankung der Erdbahnparameter in Verbindung mit der sich ändernden marinen Biosphäre, die dadurch einen Einfluss auf den Klimawandel und gleichzeitig auf die CO2-Regulation in der Atmosphäre hat.*

**Man kann also sagen, dass schwankende kosmische Faktoren den Klimawandel verursachen.**

Die beiden folgenden Kapitel stellten fest, dass *die Löslichkeit von Kohlenstoffdioxid in Wasser mit steigender Temperatur abnimmt.*

Eine Rechnung zeigte, welche riesige Mengen an CO2 in die Atmosphäre freigesetzt werden, wenn sich beispielsweise **aufgrund kosmischer oder anderer Ursachen** (Sonne, Weltraumstrahlung, Schwankung der Erdbahnparameter usw.) die Temperatur der Ozeane um beispielsweise 1 Grad erhöht.

Dabei musste ich feststellen, dass der Anteil des Menschen im Vergleich zu den Mengen, die aus dem Ozean freigesetzt werden können, marginal sind.

Die Wissenschaftler der WBGU fordern „**gesellschaftliche Erneuerung durch Einsicht**". Zu welcher **Einsicht** muss ich aufgrund meines Resümees als rational denkender Mathematiker kommen? Das kann sich jeder Leser selbst ausmalen.

Aber über eine andere Einsicht möchte ich dann doch reden. Es ist die Besorgnis, dass wir sämtliche Reserven an fossilen Brennstoffen verbrauchen, wenn die Menschheit so weiter macht wie bisher. Besser wäre es, wenn wir eine sogenannte Energiewende hätten und unseren Energiebedarf aus erneuerbaren Energien beziehen. Deshalb die Aussage im Untertitel: Energiewende, ja bitte.

Das schließt aber nicht ein, dass wir nun sämtliche Mobilität auf die sogenannte Elektromobilität umstellen sollen. Die massenhafte Herstellung von Batterien und Elektromotoren anstelle von Verbrennungsmotoren würde unweigerlich zu einem baldigen Ende unserer Rohstoffreserven an seltenen Erden und Metallen führen. Und ich glaube in diesem Fall, wäre das "Heulen und Zähneklappern" wesentlich größer, als beim Ende der fossilen Brennstoffe. Stattdessen wäre es sinnvoller Verbrennungsmotoren beizubehalten und die Treibstoffe mithilfe erneuerbarer Energien aus dem in der Atmosphäre vorhandenen $CO_2$ herzustellen. Kürzlich las ich die Überschrift im Internet "Öko-Diesel nur aus Wasser und CO2" (https://www.ingenieur.de/technik/fachbereiche/rohstoffe/oeko-diesel-wasser-co2/ ). Das ist eine CO2-neutrale Angelegenheit. Da wären sogar die hartnäckigsten Anhänger der CO2-Treibhaushypothese zufrieden. Und wir sparen unsere Reserven an fossilen Brennstoffen, seltenen Erden und Metallen. Diese Technologie gehört mit aller Kraft gefördert.

Ich hoffe, es ist noch nicht zu spät.

*Der Herausgeber*

# ANHANG

Dieser Anhang enthält die inhaltlich **unveränderte Wiedergabe** des Textes der Internetseite https://www.economy4mankind.org/klima-co2-sonne/

Aus lizenzrechtlichen Gründen wurden Symbolbilder anstelle der Bilder der Quelle eingefügt.

Der Herausgeber dieses Buchs distanziert sich ausdrücklich von allen Inhalten, die möglicherweise straf- oder haftungsrechtlich relevant sind oder gegen die guten Sitten verstoßen. Darüber hinaus kann von der im Text geäußerten Meinung der Autoren von economy4mankind nicht auf die Meinung des Herausgebers geschlossen werden.

---

## Klima, CO2 und Sonne: Warum die CO2-Theorie unwahrscheinlich ist[15]

**Diese Seite ist eine Sammlung der wichtigsten Argumente und Gegenargumente zum Thema Klimawandel, CO2 und anderen Theorien hierzu. Sie sind eingeladen, selbst nachzudenken und sich zu fragen, welche Theorie wahrscheinlicher ist.**

Dass Sie sich informieren und die Fakten selbst durchdenken, bevor Sie Kampagnen nachlaufen, ist extrem wichtig. Es geht um Billionen von Euro, die weltweit für den Klimaschutz ausgegeben werden sollen, und die dann für andere Dinge fehlen. Es geht um die Frage, ob CO2-Emissionen künftig so unbezahlbar werden, dass nur noch Reiche reisen, autofahren, Fleisch essen und komfortabel wohnen können, und damit die Gesellschaft völlig zerreißt, was letztendlich zu wütenden Wählern und der Machtübernahme von Parteien führt, die gegen die CO2-Theorie sind.

Es geht auch darum, ob die Menschheit das Klima überhaupt retten könnte. Ob tatsächlich (nur) CO2 das Klima steuert. Ob das Klima überhaupt gerettet werden müsste. Ob die Daten, auf denen die Klimawandel-Theorie aufsetzt, für eine wissenschaftliche Theorie überhaupt ausreichen. Ob tatsächlich 97% „der Wissenschaftler" die CO2-Theorie vertreten oder nur ein Drittel. Es geht auch um die Motive der Wissenschaftler, Medien, Politiker und Großinvestoren.

---

15 https://www.economy4mankind.org/klima-co2-sonne/

# Übersicht

Da diese Argumente-Sammlung mittlerweile (als einzelne Seite) die umfangreichste im Netz ist, bauen wir gerade ein Inhaltsverzeichnis auf.

- 1. Vorbemerkung: Verweigerung der Diskussion und Fehleinschätzung der Mehrheitsfähigkeit

- 2. Vorbemerkung: Sofort raus aus der Atomkraft, Maximalausbau erneuerbarer Energien

- 3. Vorbemerkung: Preisexplosionen bei Öl, Gas und Kohle erzwingen Energiewende

- 4. Vorbemerkung: Es gibt keine Klimaleugner

- 5. Vorbemerkung: Kein Interesse an CO2: China, Indien, USA, Rest der Welt

- Argument Nr. 1: Liste der wichtigsten Klimafaktoren

- Argument Nr. 2: Haupt-Klimafaktor – die Sonne

- Argument Nr. 3: Physik – Je mehr CO2, desto geringer die Wirkung

- Argument Nr. 4: CO2-Wirkung auf Klima experimentell nicht bewiesen, sondern widerlegt

- Argument Nr. 5: Relationen und Konzentrationen – 51,5 Billiarden Tonnen Atmosphäre und 1 ppm CO2 pro Jahr

- Argument Nr. 6: CO2 folgt der Temperatur (Ozeane, 9 Fehler bei Al Gore)

- Argument Nr. 6a: Wie CO2-Anhänger Fakten und Unwahrheiten vermischen: CO2 und Temperatur – was folgt was?

- Argument Nr. 7: Der Konsens ist Fake und wäre auch irrelevant: Wissenschaft ist keine Demokratie

- Argument Nr. 8: Der „Hockey Stick" ist eine Lüge, Temperaturen steigen seit 1998 nicht

- Thema CO2 Steuer: Sinnlos, bewirkt Klassengesellschaft und Implosion der Volkswirtschaft

# 1. Verweigerung der Diskussion und Fehleinschätzung der Mehrheitsfähigkeit

Vertreter der CO2-Treibhaus-Theorie machen den gleichen Fehler wie einst Ronald Pofalla beim NSA-Skandal: Sie „erklären die Diskussion für beendet". Wer Diskussionen ausweicht, ist unglaubwürdig. Denn es gibt viele Argumente, Daten und Theorien zu diskutieren.

Wir von economy4mankind laden die auf dieser Seite zitierten Vertreter der CO2-Treibhaus-Theorie (zum Beispiel Prof. Lesch) und deren Gegner (zum Beispiel Prof. Mahlberg) zu direkten Gesprächen miteinander ein, die wir moderieren würden. Werden sie sich trauen?

*Symbolbild vom Herausgebeber erstellt. Bildquelle: memegen.de (Website ist mittlerweile offline, daher kein Link)*

Beim Thema Klima gibt es überhaupt keinen Konsens, sondern nicht weniger als einen Krieg um die öffentliche Meinung. Die Anhänger der CO2-Treibhaus-Theorie ziehen von Pyrrhussieg zu Pyrrhussieg. Mit der (vor allem in Deutschland) derzeitigen medialen Meinungshoheit im Rücken glauben sie ihr Ziel zu erreichen, den CO2-Ausstoß der Menschheit gegen Null zu drücken und einen Klimawandel aufzuhalten.

Pyrrhussiege sind zu teuer erkaufte Siege in Schlachten, die zur Niederlage im Krieg führen. Die CO2-Anhänger werden den Krieg um die öffentliche Meinung verlieren und nichts erreichen, weil sie die wichtigsten Faktoren völlig unterschätzen. Darüber sollten die CO2-Anhänger nachdenken:

- Der überwältigenden Mehrheit der Weltbevölkerung (vor allem in China, Indien, dem Rest Asiens, den USA, Russland, Mittel- und Südamerika sowie Afrika) ist das Thema CO2 ziemlich bis vollkommen gleichgültig.

- In der 3. Welt ist so gut wie niemand bereit, sein Streben nach Wohlstand aufzugeben.

- In den Industrienationen ist so gut wie niemand bereit, auch nur annähernd die Forderungen der CO2-Anhänger zu erfüllen.

- In den Industrienationen wird es keine nennenswerte CO2-Steuer geben, weil sie u.a. „Autofahren und Reisen nur noch für Reiche" bedeuten würde. Je höher und wirksamer die CO2-Steuer umgesetzt wird, desto eher verlieren die Parteien, die die CO2-Theorie unterstützen, die Macht an die CO2-skeptischen Parteien. Eine CO2-Steuer, die wirkt, bringt jeweils über 50% für die AfD in Deutschland, die Rassemblement National in Frankreich, die Brexit Party in UK, die Lega in Italien, die Republikaner in den USA, etc.

- Bei der letzten Europawahl wählte nur jeder 7. deutsche Wahlberechtigte die Grünen, und nur jeder 20. wahlberechtigte EU-Bürger eine der europäischen Grünen Parteien. CO2-Parteien überschätzen ihren Rückhalt bei den Wählern maßlos. Beschließen sie eine hohe (also wirksame) CO2-Steuer, verlieren sie die Stimmen der Mittel- und Unterschicht und fliegen aus den Parlamenten.

- Alle Klimaabkommen sind eine Farce, weil die größten CO2-Emittenten und praktisch alle Entwicklungsländer gar nicht daran denken, irgendetwas zu ändern. Man beachte, wie zum Beispiel China 2030 seine Zusage zurückziehen wird, ab 2030 seinen CO2-Ausstoß zu verringern.

- Rechnet man China, Indien etc, mit ein, aber auch viele US- und europäische Wissenschaftler, ist mindestens ein Drittel der relevanten Wissenschaftler (Physiker, Geologen, Klimaforscher, Geophysiker, Astrophysiker, etc) der Überzeugung, dass CO2 keinen nennenswerten Einfluss auf das Klima hat, sondern die Schwankungen der Sonne.

- Jeder Daueralarm nutzt sich ab, zumal alle vergangenen angeblichen Deadlines, ab denen es „endgültig zu spät" sei, abgelaufen sind, ohne dass etwas passiert ist.

- Eine zunehmende Zahl der Bürger findet die Argumente der CO2-Skeptiker überzeugender.

- Einer zunehmenden Zahl der Bürger wird es nicht nur immer gleichgültiger, ob sie von den CO2-Anhängern mit dem unzutreffenden Begriff „Klimaskeptiker" etikettiert werden. Je aggressiver die CO2-Anhänger ihre Forderungen durchzusetzen versuchen, desto stärker wird die Ablehnung.

Wie stehen wir zu Klimawandel und CO2? Warum schließen wir uns nicht „Fridays for Future" und „Parents for Future" an? Bevor wir uns zur

CO2-Theorie positionieren, wollen wir etwas vorweg erklären: Wir haben ähnliche Ziele, aber aus anderen Gründen und mit anderen Wegen.

## 2. Sofort raus aus der Atomkraft, Maximalausbau erneuerbarer Energien

Wir von economy4mankind wollen alle Atomkraftwerke sofort schließen. Da wir keine Partei sind, empfehlen wir den Regierungsparteien, den Betreibern der Atomkraftwerke die Rechnung für die tatsächlichen Endlagerungskosten des Atommülls für die gesamte Laufzeit (ca. 1 Mio. Jahre) plus Zinsen in Rechnung zu stellen. Den durch den „Korruptions-Weltrekord des Bundestags" (mehr dazu hier und hier) zustande gekommenen Atommüll-Deal der Atomkonzerne, dem auch die Grünen zugestimmt haben, würden wir für nichtig erklären. Die Atomkonzerne wären augenblicklich bankrott, und der Staat als Gläubiger hätte die sofortige Verfügungsgewalt zur Schließung der Atomkraftwerke.

Wir wollen auch den maximal möglichen Ausbau erneuerbarer Energien, und nur unser Steuersystem bietet die Mittel dazu. Da die erforderlichen Speichertechnologien noch nicht ausgereift sind, wird die technische Umsetzung ca. 30-40 Jahre dauern. In dieser Zeit kommt, man realistisch betrachtet, um den Betrieb von Kohle- und Gaskraftwerken nicht herum.

Wir haben also die gleichen Ziele wie Grüne, Fridays For Future, Greenpeace & Co., und wir können helfen, diese Ziele zu erreichen. Zu unseren Zielen gehört auch die größtmögliche Energieversorgungsautonomie jedes Landes – nicht nur Deutschlands. Keine Kriege mehr um Öl, Gas und Uran.

## 3. Preisexplosionen bei Öl, Gas und Kohle erzwingen Energiewende

In spätestens 100 Jahren wird durch die steigende Weltbevölkerung (UN-Prognose: 9,7 Milliarden im Jahr 2100) und den steigenden Pro-Kopf-Verbrauch kein bezahlbares Öl mehr verfügbar sein. Selbst die kanadischen Ölsande werden dann weitgehend ausgebeutet / zu teuer sein. Es wird noch Öl geben, aber dessen Preis wird aufgrund gigantischer Nachfrage und extrem geringem Angebot weit jenseits von (inflationsbereinigt) 1.000 Dollar pro Barrel (159 Liter-Einheit im Ölhandel) liegen. Bei solchen Preisen ist keine Massenmobilität mit Autos mehr möglich. Ebensowenig Ölheizungen. Flüge und Schiffstransporte mit Öl als Treibstoff werden extrem teuer.

Bei der Kohle steht weltweit ein aktueller Jahresverbrauch von fast 6,3 Milliarden Tonnen eine Reserve von 698,66 (2014) Milliarden Tonnen gegenüber. Gäbe es kein Bevölkerungswachstum und keinen steigenden Pro-

Kopf-Verbrauch, würde die Kohle für 106 Jahre reichen. Rechnet man die Steigerungen bei Weltbevölkerung und Pro-Kopf-Verbrauch mit ein, dürfte Kohle in 50-60 Jahren weitgehend ausgebeutet bzw. unbezahlbar sein. Braunkohle würde knapp 200 Jahre reichen, bei steigendem Verbrauch für ca. 100 Jahre.

Gas würde bei konstanter Weltbevölkerung und Pro-Kopf-Verbrauch ca. 53 Jahre reichen, mit Fracking und massiver Grundwasserverseuchung vielleicht ein paar Jahrzehnte mehr.

Uran / Atomkraft ist durch das Atommüll-Problem völlig indiskutabel. Einschließlich vermuteter Vorräte wäre in spätestens 90 Jahren mit Uran und Atomkraft ohnehin Schluss, einschließlich steigendem Verbrauch in ca. 50 Jahren. Wie weit „Schnelle Brüter" die Reichweite verlängern können, und ob eine Lösung für das Atommüll-Problem gefunden wird, ist keine planbare Energie-Zukunft.

Fazit: Die in wenigen Jahrzehnten anstehenden Preisexplosionen machen eine Energiewende unverzichtbar. Jedes Land muss mit Windkraft, Wasserkraft, Photovoltaik, Geothermie, Solarthermie etc. autonom und möglichst dezentral seine Energieversorgung und Mobilität sicherstellen. Fossile Brennstoffe haben durch ihre Endlichkeit keine Zukunft.

Nur $CO_2$ ist nicht der Grund, nach Alternativen zu suchen.

## 4. Vorbemerkung: Es gibt keine Klimaleugner

Höchst relevant ist der bei Klimawandel-Themen generell enorm hohe Anteil der $CO_2$-Skeptiker unter den Lesern alternativer Medien. Bei Spiegel, SZ & Co. ist das anders, weil Kommentare von $CO_2$-Skeptikern größtenteils gelöscht werden und fast nur die Anhänger der $CO_2$-Theorie übrig blieben. Das Ergebnis ist eine Meinungsblase, durch die weder die Massenmedien noch ihre Fans mitbekommen, wie die Meinung außerhalb ihrer Blase ist.

Es gibt übrigens keine Klimaskeptiker oder Klimaleugner. Niemand leugnet, dass es ein Klima gibt. Vollkommen strittig sind jedoch die Ursachen, durch die es schwankt.

## 5. Kein Interesse an CO2: China, Indien, USA, Dritte Welt

Was haben China, Indien, die USA und alle Schwellen- und Entwicklungsländer gemeinsam? Niemand von ihnen verpflichtete sich in den „Klimaabkommen" zu $CO_2$-Reduzierungen.

Zum Beispiel China verpflichtete sich zu geringfügig weniger relativen

Emissionen, die es automatisch durch modernere und effizientere Kohle-kraftwerke erreicht (259 Gigawatt sind in Bau, was endcoal.org einen „Koh-le-Tsunami" nennt). China wird also trotz einer Senkung der CO2-Intensität der chinesischen Wirtschaft mehr Kohlestrom erzeugen und in absoluten Zahlen die CO2-Emissionen steigern.

Heinz Horeis, gelernter Physiklehrer und Wissenschaftsjournalist u.a. für „Bild der Wisenschaft", beschrieb die „Halluzination vom Klima-Ver-bündeten China". Er zitiert Ding Zhongli, den Vizepräsidenten der chinesi-schen Akademie der Wissenschaften und Chinas wichtigsten Klimaforscher. Ding veröffentlichte am 7.9.2009 in der Pekinger Zeitschrift „Science Times" einen Artikel, in dem er feststellte, dass es keine verlässlichen wis-senschaftlichen Belege dafür gibt, dass Temperaturanstieg und CO2-Kon-zentration gesichert voneinander abhängen. Die globale Temperatur könne auch von der Sonne bestimmt werden. Die menschliche Aktivität könne deshalb nicht der einzige Faktor für den Temperaturanstieg der letzten hun-dert Jahre sein. Warum, so fragt er, legten die Industriestaaten dann ein solch „fragwürdiges wissenschaftliches Konstrukt" auf den Verhandlungs-tisch? Weil ihre wahre Absicht nicht die Begrenzung des globalen Tempera-turanstiegs sei, sondern die Beschränkung der wirtschaftlichen Entwicklung der Schwellen- und Entwicklungsländer.

Am 24.04.2017 gab das Institute of Atmospheric Physics der Chinese Academy of Sciences bekannt, dass es im Rahmen eines umfangreichen Forschungsprogrammes eine signifikante Klimabeeinflussung durch solare Aktivitätsschwankungen gefunden hat (siehe auch unten: Zwischenüber-schrift „Faktor Sonne"). Siehe auch Publikation der „American Association for the Advancement of Science".

Statt in CO2- und Klima-Panik zu verfallen, bauen China und Indien derzeit 600 zusätzliche Kohlekraftwerke. Wenn es heißt, dass praktisch alle Schwellen- und Entwicklungsländer die Klima-Abkommen unterstützen, muss man genauer hinsehen: Diese Länder verpflichten sich zu rein gar-nichts und freuen sich, dass sich Länder wie Deutschland eventuell Fesseln anlegen (noch hat Deutschland nichts wirklich beschlossen). Schwellen- und Entwicklungsländer unterzeichnen nicht aus klimatischen, sondern öko-nomischen Gründen.

Nur 16 der 197 Länder, die das Pariser Klimaabkommen unterzeichnet haben, haben einen „nationalen Klimaaktionsplan" definiert, um die Zusa-gen möglicherweise auch zu erfüllen. Von den europäischen Industrienatio-nen hat dies nur Norwegen vor. Großbritannien und Schweden nutzen das Thema CO2, um neue Atomkraftwerke politisch durchzusetzen.

Zusammengefasst: Sofern die Reduzierung von CO2 tatsächlich das be-hauptete Horrorszenario verhindern würde, könnte Deutschland mit seinem Anteil von 2,3% auch gemeinsam mit den anderen eventuell CO2-reduzierenden Ländern nicht im Entferntesten die Emissionen von China, Indien, den USA, Russland und dem Rest der Welt ausgleichen. Es bleibt also lediglich die Frage, ob man mit gutem Beispiel voran geht und bereit ist, durch den Verlust der Wettbewerbsfähigkeit (die zum Großteil auf billiger Energie basiert) ökonomisch erheblich abzurutschen.

## Argument Nr. 1: Liste der wichtigsten Klima-Faktoren

Wir sind aus den oben genannten Gründen (Punkte 1 und 2) für einen schnellstmöglichen (das heißt buchstäblich: schnell und möglich) Umstieg auf regenerative Energien. Was uns von anderen Gruppierungen unterscheidet: $CO_2$ ist nicht unser Motiv. Wir müssten erst überzeugende Beweise sehen, bevor wir uns der $CO_2$-Theorie, Scientists for Future & Co. anschließen.

„Das ist alles wissenschaftlich bewiesen und unstrittig" ist das Totschlagargument der $CO_2$-Anhänger. Dabei ist es genau umgekehrt. Geht man bei Auseinandersetzungen in die Details, flüchten die $CO_2$-Anhänger in den Verweis auf angebliche Autoritäten, weil sie die nachfolgenden Gegenargumente nicht entkräften können.

Klimawandel-Anhänger gehen von der kindlich-naiven Annahme aus, dass das Wetter und Klima immer recht stabil sein müsse. Sie stellen sich das Klima als eine Art Maschine vor, die immer auf die gleiche Weise funktioniert und jedes Jahr sehr ähnliche Temperaturen, Regenmengen, Schneemengen, Sonnenstunden, Winde, etc. erzeugt. Und wie bei einer Maschine glauben sie, der Mensch könne sie steuern.

Fakt ist: Die $CO_2$-Anhänger schließen alle anderen Faktoren aus, obwohl andere Faktoren viel überzeugender sind, vor allem Sonnenintensität und Wolkenbildung. Diese Faktoren (die größtenteils miteinander verbunden sind) beeinflussen das Klima:

1. Sonne mit ihren Schwankungen bei Elektromagnetismus, UV-Strahlen, etc.

2. Wasserdampf / Wolkenbildung durch Aerosole

3. Ozeane (als Puffer für Temperaturen, Quelle für Verdunstung, Abgabe von $CO_2$ bei Erwärmung, Aufnahme von $CO_2$ bei Abkühlung)

4. Natürlich schwankende Meeresströmungen wie El Nino und La Nina (El Niño-Southern Oscillation, ENSO) – das Ereignis 2015/16 war das drittstärkste seit 65 Jahren

5. Milancovic-Zyklen (zyklische Schwankungen bei Erdumlaufbahn, Achsenneigung, etc.)

6. Albedo (Reflektionsgrad und Reflektionsflächen von Eisflächen, Wolken, etc.)

7. Natürliche Schwankungen des Erdmagnetfelds

8. Atmosphären-Zusammensetzung, Luftverschmutzung und dämmende Schmutzpartikel

9. Abholzung der Wälder durch den Menschen

10. Hitzeflächen (Städte)

11. Kosmische Strahlung

12. Gase wie $CO_2$, Methan, Distickstoffmonoxid (Lachgas) und Fluorchlokohlenwasserstoffe

13. Vulkaneruptionen (temporär)

14. und einige mehr

Das „$CO_2$-Wahrheitsministerium" – das IPCC – sagt selbst in seinem Klimabericht auf Seite 774: „In climate research and modelling, we should recognise that we are dealing with a coupled non-linear chaotic system, and therefore that the long-term prediction of future climate states is not possible."

Übersetzung:

*„In der Klimaforschung und -modellierung sollten wir erkennen, dass es sich um ein gekoppeltes nichtlineares chaotisches System handelt und dass daher eine langfristige Vorhersage zukünftiger Klimazustände nicht möglich ist." (IPCC, Klimabericht, Punkt 14.2.2.2., Seite 774)*

Wie kann man Klimawissenschaftler ernst nehmen, die bis auf $CO_2$ sämtliche anderen Klimafaktoren einfach ignorieren?

Nach heutigem Stand der Wissenschaft ist die $CO_2$-Theorie lediglich ein Computermodell, das auf falschen Annahmen und nachweislich manipulierten Daten basiert. Die $CO_2$-Theorie ist nicht vollkommen falsch, aber maßlos übertrieben und in ihrer tatsächlichen Wirkung irrelevant. Die behauptete Wirkung von $CO_2$ ist experimentell und empirisch widerlegt und in jeglicher Hinsicht unlogisch. Damit sind $CO_2$-Einsparungen und die $CO_2$-Steuer so sinnlos wie Gebete oder eine Steuer auf Büroklammern.

Nachfolgend werden Sie viele Quellenangaben finden. Eine typische und entlarvende Reaktion der $CO_2$-Anhänger: Wenn man kein Gegenargument hat, diffamiert man die Quellen bzw. Personen. Die auf dieser Seite zitierten Quellen sind eine Mischung aus erklärten $CO_2$-Skeptikern und wissenschaftlichem Establishment – von Physik- und Chemie-Nobelpreisträgern bis zu Leitern von Wetterämtern und Professoren aus dem Bereich der Klimaforschung.

## Argument Nr. 2: Haupt-Klimafaktor – die Sonne

Die Temperaturen aller Planeten des Sonnensystems hängen von der Sonne ab. Die Sonne strahlt jeden Tag etwa 1.000 Watt pro Quadratmeter auf die Erde. Fragen Sie mal Photovoltaik-Experten nach den Leistungen und den Schwankungen der Sonnenenergie. Wie kann man da die Sonne von Klimatheorien ausklammern? $CO_2$-Anhänger unterstellen entgegen der Realität, dass die Sonnenenergie immer vollkommen konstant ist.

Tatsächlich schwankt die Sonnenenergie in mehreren unterschiedlich langen Intervallen. Der kürzeste Intervall ist der 11-Jahres-Zyklus, den wir hier auf dieser Grafik der NASA sehen:

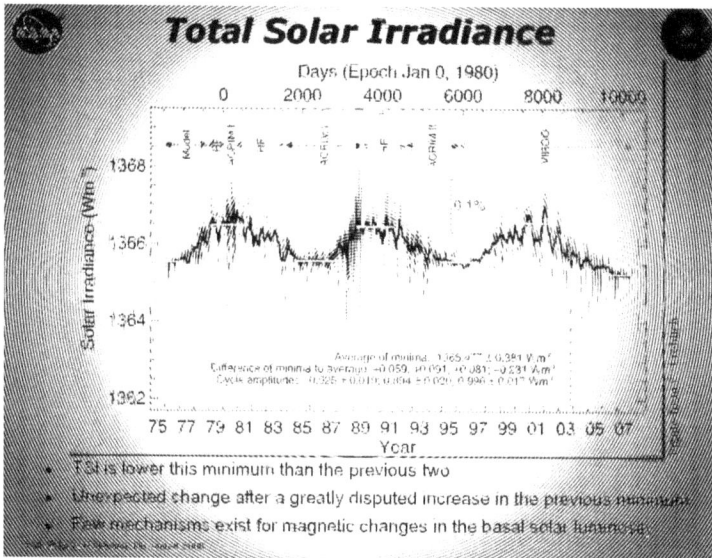

*(Symbolbild vom Herausgeber erstellt, Quelle: https://www.economy4-mankind.org/wp-content/uploads/2019/07/nasa-sonnenschwankun-gen-11jahres-zyklus.jpg)*

Ein wirklich seriöser Klimaforscher kann diesen Faktor nicht übersehen. Das ist einfach nicht möglich. Überlegen Sie selbst: Warum blenden Vertreter der CO2-Theorie die Sonne aus? Könnte dahinter eine politische Agenda und / oder der Konformitätsdruck stecken? Oder welche andere Erklärung ergibt einen Sinn?

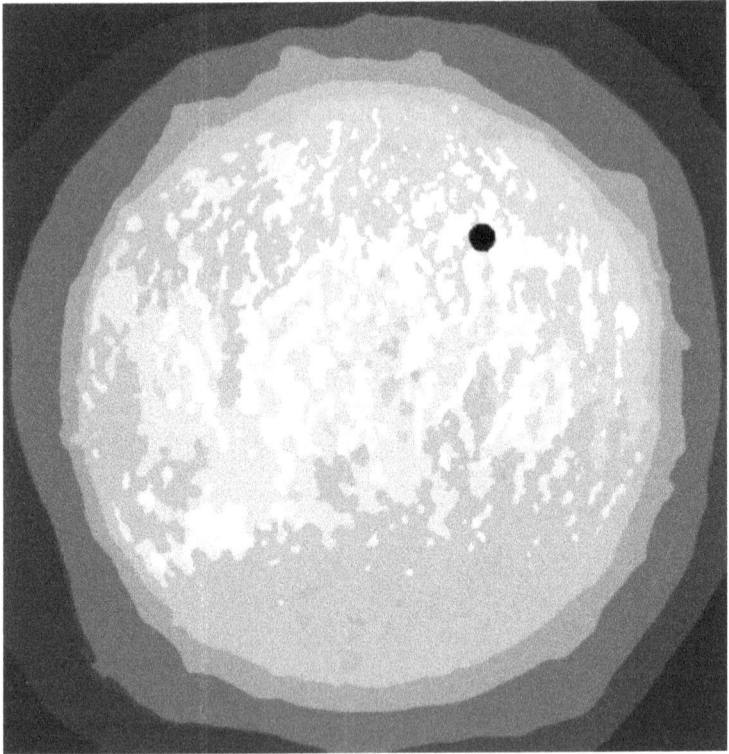

*(Symbolbild vom Herausgeber erstellt)*

Wie sehr Energieschwankungen der Sonne die Temperaturen beeinflussen, erleben wir jeden Tag / jede Nacht, und auch jedes Jahr im Laufe der Jahreszeiten. Die Erde mit einem Durchmesser von 12.700 Kilometern ist 150 Millionen Kilometer von der Sonne entfernt, dreht sich und kippt im Sommer und Winter jeweils um einen Winkel von 23,4 Grad vom Äquator. Das heißt: Temperaturunterschiede in Deutschland von bis zu Minus 20 Grad im Winter und bis zu Plus 40 Grad im Sommer hängen von der Sonne ab.

Nehmen wir nun an, die Energieemissionen der Sonne stiegen in 100 Jahren um 0,0002% – müsste dann nicht die Durchschnittstemperatur der Erde um etwa 2 Grad steigen? Sogar die Wikipedia-Admins, die mehrheitlich Anhänger der CO2-Theorie sind, lassen im Edit-War folgendes stehen: „In Jahren mit verminderter Fleckenanzahl verringert sich ebenfalls die Sonnenstrahlung um etwa 1 ‰. Die Jahre zwischen 1645 und 1715, das so genannte Maunderminimum, während dessen keine Sonnenflecken beobachtet wurden, fallen mit der Kleinen Eiszeit zusammen. Es ist jedoch nicht geklärt, ob die geringen Änderungen der Sonnenaktivität ausreichen, Klima-veränderungen zu erklären."

Warum klammern Anhänger der CO2-Theorie die Energie der Sonne aus und halten sie für nahezu konstant? Warum halten sie das „nicht Geklär-te" für geklärt? Wir würden das gern verstehen.

Vielleicht haben Sie schon einmal etwas vom Maunder-Minimum ge-hört. Edward Maunder war ein Astronom, der Sonnenflecken (die durch hohe Energie/Aktivität entstehen) beobachtete. Seine Forschung ermöglich-te das Erkennen der Korrelation der Temperatur der Erdatmsophäre und der Sonnenflecken bzw. der Energieschwankungen der Sonne. Nun ist eine Korrelation noch kein Beweis.

Den Beweis und einen überzeugenden Zusammenhang zwischen Son-nenstrahlung und Atmosphärentemperatur bieten seit 2008 die Geologen, Astronomen und Paläoklimatologen Henrik Svensmark, Nir Shaviv und Jan Veizer. Bezeichnenderweise verweigerten die wissenschaftlichen Fachpu-blikationen lange Jahre ohne Begründung die Veröffentlichung, weil sie den CO2-Mythos zerstört.

Sie betrachten die Klimaentwicklung über 500 Millionen Jahre hinweg und kommen zu der Erkenntnis, dass die Sonne und die kosmische Strah-lung die Wolkenbildung beeinflussen, die wiederum das Sonnenlicht reflek-tieren und das Klima beeinflussen:

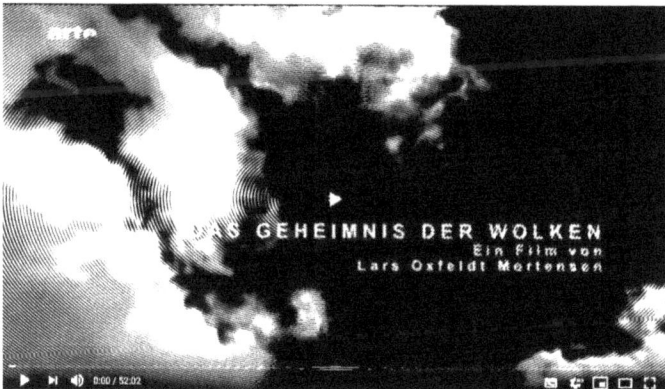

*(Das Geheimnis der Wolken (Ganze Doku) - Klimawandel durch Sonne, kosmische Strahlung & Wolkenbildung. Symbolbild vom Herausgeber er-stellt. Quelle: https://youtu.be/WSmyZDjFqOw )*

Meteorologie-Professor Horst Mahlberg erläutert in diesem Vortrag, warum die Klimaschwankungen ihre natürliche Ursache in den Schwankun-gen der Sonne haben:

*(Klimawandel seit der kleinen Eiszeit. Symbolbild vom Herausgeber erstellt. Quelle: https://youtu.be/wCnUUGilH5Y )*

Die Erklärung des Faktors „Schwankungen der Sonnenemissionen" – den die CO2-Anhänger leugnen – erscheint uns sehr überzeugend. Schließlich erleben wir jeden Tag und in jedem Wechsel der Jahreszeiten, wie stark die Sonne unsere Temperaturen dominiert.

## Argument Nr. 3: Physik – Je mehr CO2, desto geringer die Wirkung

Die Vertreter der CO2-Treibhaustheorie verkünden ein Horroszenario eines geradezu verglühenden Planeten, wenn im Vergleich zum heitigen Niveau (rund 415 ppm bzw. 0,0415%) zusätzliches CO2 emittiert wird.

Damit disqualifizieren sich diese Vertreter als Wissenschaftler. Denn es ist wissenschaftlich erwiesen, dass die Wirkung von zusätzlichem CO2 gegen Null tendiert. Das heißt: CO2 ist durchaus Klimawirksam, und zwar nach der Devise: Je niedriger das Niveau, desto stärker der Effekt. Bei einer Steigerung von Null auf 20 ppm würde die Temperatur um ca. 1,5 Grad Celsius steigen. Bei einer Steigerung von 20 auf 40 ppm stiege die Temperatur um weitere 0,3 Grad, und dann sinkt die Kurve „Temperatursteigerung im Verhältnis zur CO2-Steigerung immer weiter gegen Null.

Wenn der CO2-Gehalt der Atmosphäre von heutigen rd. 415 ppm um weitere 20 ppm steigt (das wären die Gesamtemissionen der Menschheit in 30 Jahren), steigt die Temperatur um etwa 0,02 Grad in den nächsten 30 Jahren. Und das auch nur unter der Voraussetzung, dass alle anderen Klimafaktoren keine Rolle spielten und es kein „Global Greening" durch stärkeres Pflanzenwachstum gäbe.

Maximal 0,02 Grad „menschengemachter Klimawandel" in den nächsten 30 Jahren stehen in keinem Verhältnis zu den hysterischen Verkündungen der CO2-Glaubenslehre.

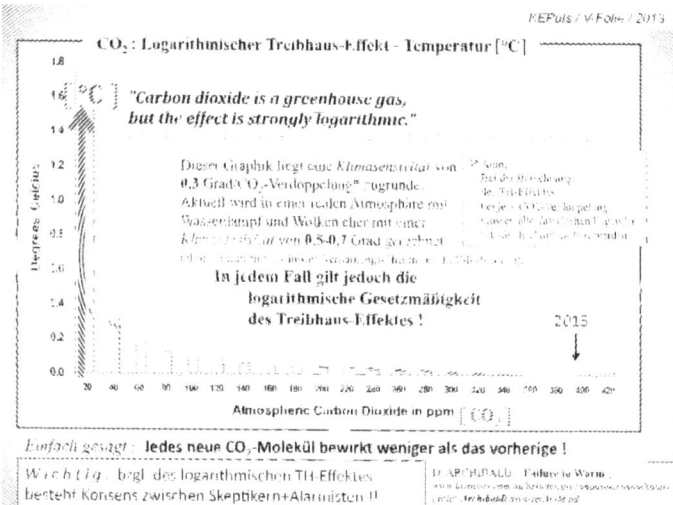

(Symbolbild vom Herausgeber erstellt)

Die obige Grafik basiert auf dem „Zwischenbericht der Enquete Kommission des Bundestags, Vorsorge zum Schutz der Erdatmosphäre", Punkt 2.3.1., Seite 191 (Quelle: dip21.bundestag.de/dip21/btd/11/032/1103246.pdf). Dort schreiben die 10 Professoren im Auftrag des Bundestags:

„Da die CO2-Absorptionsbanden bereits weitgehend gesättigt sind, nimmt der Treibhauseffekt durch zusätzliches CO2 nur noch mit dem Logarithmus der CO 2-Konzentration zu." (Enquete Kommission des Bundestags, Drucksachen 11/533, 11/787, 11/971, 11/1351)

Diplom-Meteorologe Klaus-Eckart Puls, ehemaliger Leiter der Wetterämter Essen und Leipzig, erklärt die obige Grafik und die physikalischen Fakten der CO2-Sättigung:

*(Dipl.-Meteorologe Klaus-Eckart Puls: Die Achillesferse der Klimamodelle (10. IKEK). Symbolbild vom Herausgeber erstellt. Quelle: https://youtu.be/5HaU4kYk21Q )*

Was kann das $CO_2$ in Bezug auf das Klima überhaupt leisten? Dieser Frage ging Klaus-Eckart Puls anhand von Original IPCC Berichten nach. Dabei stellte er u.a. fest, dass die theoretische Größe der sogenannten Klimasensitivität ECS seitens des IPCC häufig mit 1,2 °C (bei Verdopplung der $CO_2$ Konzentration) benannt wird, während das Max-Planck-Institut in Hamburg diese für die Realität noch kleiner annimmt, nämlich „nur wenige Zehntel Grade".

# Argument Nr. 4: Wirkung durch zusätzliches $CO_2$ auf Klima experimentell nicht bewiesen, sondern widerlegt

Jede wissenschaftliche Theorie muss jederzeit von Jedermann experimentell wiederholbar sein, wenn sie als bewiesen gelten soll. Vor allem, wenn es um Physik und Chemie geht.

$CO_2$ hat eine Wirkung auf das Klima, die (siehe Argument Nr. 2) jedoch vernachlässigbar gering ist. Die dramatischen Behauptung einer nennenswerten Klima-Wirkung von zusätzlichem $CO_2$ wurde nie in experimentell verifiziert. Ein solches Experiment ist ein ganz einfacher Versuchsaufbau: Ein luftdicht verschlossenes Glasgefäß mit einer Atmosphäre mit z.B. den aktuellen 415 ppm $CO_2$, und eines mit z.B. 515 ppm. Dies setzt man einer Lampe aus, die möglichst Sonnen-ähnliche Emissionen hat, und misst die Differenz.

Auf YouTube sieht man angebliche experimentelle Nachweise, die in ihrer Struktur und ihrem Fake-Aufbau den Video-„Beweisen" über Freie Energie ähneln: Während bei „Freie Energie-Generatoren" immer eine Energiezufuhr (Batterien, Kabel oder Induktionsschleifen) versteckt sind, sind bei $CO_2$-„Klimabeweisen" die Lampen näher am einen Gefäß als am anderen, die Thermometer manipuliert, die Videos geschnitten oder die Gase ganz anders zusammengesetzt als behauptet.

Auch das CO2-Experiment des von uns wirklich geschätzten Prof. Volker Quaschning beweist etwas ganz anderes als die Interntion und Aussage des Professors – nämlich das komplette Potential von CO2 bei nahezu 1 Million parts per million (ppm). Prof. Quaschning beweist damit unfreiwilligerweise die Richtigkeit von Argument Nr. 3 (siehe oben).

Wir haben ihn auf sein Experiment hin angeschrieben und gebeten zu erklären, warum er ein Gefäß mit 100% CO2 bzw. 1 Million ppm füllt, um einen Effekt von 0,6 Grad Celsius zu beweisen, also die 2.500-fache Konzentration des CO2-Gehalts von rund 400 ppm / 0,04% in der Atmosphäre.

Oder noch relevanter: Dass ein Experiment den Unterschied der Wirkung von 400 im Unterschied zu 500 ppm CO2 auf die Temperatur nachweist. Eine um 100 ppm gestiegene Konzentration bedeutet, dass sich von 1 Million Molekülen lediglich 100 O2-Moleküle mit je einem Kohlenstoff-Atom zu einem CO2-Molekül verbunden haben. Also wurde 1 von 10.000 O2 Molekülen gegen ein CO2-Molekül ausgetauscht. Das ist der Unterschied, um den sich die ganze CO2-Debatte dreht: Hat eine zehntausendstel Änderung der Anteile der Luft die Kraft, das Klima zu verändern? Unwahrscheinlich.

Kommen wir dazu zurück auf Prof. Quaschnings Experiment: Wenn 1 Million ppm einen Unterschied von 0,6 Grad bewirken, dann bewirkt eine Steigerung von 400 auf 500 ppm ein Zehntausendstel davon, also einen Temperaturunterschied von 0,00006 Grad. Damit hat Prof. Quaschning die Erklärung von Diplom-Meteorologe Klaus-Eckart Puls (siehe Argument Nr. 2) bewiesen, dass die Wirkung ab den aktuellen 415 ppm CO2 gegen Null tendiert, und dass CO2 irrelevant für die Steigerung der Atmosphärentemperatur um maximal 1,5 Grad in den letzten 150 Jahren ist.

Eine Falsifizierung der CO2-Theorie zeigt zum Beispiel Dr. Michael Schnell, ehemals Universität Rostock.

Wer ohne experimentellen Beweis dem (ohnehin extrem gering konzentrierten, siehe Argument Nr. 4) CO2 eine nicht haltbare Wirkung zuschreibt und alle sachlichen Gegenargumente einfach mit einer angeblichen Mehrheit des akademischen Establishments (die es gar nicht gibt) abbügelt, ist per Definition kein Wissenschaftler.

## Argument Nr. 5: Relationen und Konzentrationen – 51,5 Billiarden Tonnen Atmosphäre und 1ppm CO2 pro Jahr

Ja, CO2 kann das Klima beeinflussen – bei extrem hoher Konzentration (siehe oben). Nur sind wir von dieser Konzentration etwa 99,96% entfernt.

CO2-Anhänger argumentieren oft mit rund 37 Milliarden Tonnen CO2, die die Menschheit jedes Jahr produziert. Das hört sich zunächst beeindruckend viel an, ist aber irrelevant. Relevant ist die Frage, wie hoch die Emissionen in Relation zum Gesamtvolumen der Erdatmosphäre liegen (kuriose Randnotiz: Die Erdatmosphäre wird nicht in Kubikmetern, sondern in Tonnen gemessen, obwohl Gas kein nennenswertes Gewicht hat). Ein Quadratmeter Atmosphäre (also 1 Quader mit 1 Quadratmeter Grundfläche und einer Höhe bis zur Grenze der Atmosphäre zum Weltraum) hat eine Masse von etwa 10 Tonnen.

Die gesamte Erdatmosphäre hat eine Masse von 51,5 Billiarden Tonnen (51.500.000.000.000.000 Tonnen).

37 Milliarden Tonnen Emissionen durch die Menschheit sind jährlich lediglich weniger als 1 Millionstel, nämlich 0,00000072 % des Gesamtvolumens. Anders ausgedrückt:

•   Die gesamten Emissionen der Menschheit steigern die CO2 Konzentration um weniger als 1 ppm (parts per Million) pro Jahr.

Das ist Nichts. Und dabei ist noch nicht einmal berücksichtigt, dass die Pflanzen CO2 aufnehmen, stärker wachsen und die Erde stärker ergrünt – das so genannte „Global Greening". Berücksichtigt ist dabei auch nicht die CO2-Aufnahme und -Abgabe der Ozeane.

Eine der prominentesten Vertreterinnen der CO2-Theorie – die Redaktion der WDR-Sendung „Quarks & Co" – versucht auf dieser Seite, die wundersame Zauberkraft der extrem geringen Konzentration zu begründen. Wenn nur eines von 2.500 Molekülen in der Luft CO2 ist – wie kann es dann die Temperatur beeinflussen? Mal abgesehen davon, dass die Gesetze der Physik und die Daten von Temperaturen beweisen, dass CO2-Konzentration den Temperaturen folgt, stellt die Redaktion einfach eine nachweislich falsche Behauptung in den Raum: „Mehr CO2 führt zu steigenden Temperaturen, das führt zu mehr Wasserdampf und verstärkt den Treibhauseffekt."

Weiter schreibt die Quarls & Co-Redaktion: „Die Treibhausgase (Wasserdampf, CO2, Methan und andere) in der Atmosphäre verhindern aber, dass die Wärmestrahlung sofort ins Weltall entweicht. Stattdessen wird sie teils erneut zurück zur Erde geschickt." Diese Behauptung ist durch nichts bewiesen und empirisch widerlegt. Hier wird „Hogwarts-Physik" propagiert, in denen eines von 2.500 Molekülen die Macht hat, das Klima zu beeinflussen. Dabei schaffen es die chaotisch durch die Atmosphäre wirbelnden Hogwarts-CO2-Moleküle, immer nur in Richtung Erdoberfläche und nie in Richtung Sonne zu reflektieren. 100 Punkte Abzug für Slytherin!

In spätestens 100 Jahren ist Schluss mit der Verbrennung fossiler Brenn-stoffe, weil die Rohstoffe dann erschöpft sein werden (siehe oben). Würde die Menschheit bis dahin Öl, Kohle und Gas verbrennen, würde die $CO_2$-Konzentration um weniger als ein Zehntausendstel, nämlich 0,000072 % steigern. In 100 Jahren würde die Konzentration also um maximal 72 ppm steigen. Damit wären wir in einem Bereich von rund 487 ppm. Das ist für die meisten Pflanzen deutlich unter dem Optimum. In Gewächshäusern set-zen Landwirte künstlich $CO_2$ zu, um bei 600 – 1.600 ppm ein optimales Pflanzenwachstum zu erreichen. Die für Menschen als gesundheitsbeein-trächtigend definierte Grenze liegt bei 5.000 ppm. Problem bei 487 ppm in 100 Jahren? Keins. Das Problem liegt in der Endlichkeit der fossilen Roh-stoffreserven (siehe oben).

Man könnte noch darüber streiten, ob und wie stark sich das $CO_2$ in manchen Schichten trotz Windverwirbelung konzentriert. Selbst wenn man eine oder sogar 3 Nachkommastellen streicht:

Die $CO_2$-Emissionen der Menschheit sind irrelevant in Relation zur Ge-samtmasse der Atmosphäre. $CO_2$-Emissionen berücksichtigen nicht einmal, dass dadurch die Konzentration nicht 1:1 steigt, weil Pflanzen das $CO_2$ auf-nehmen. Mit steigendem $CO_2$ in der Erdatmosphäre ist die Landmasse nachweislich grüner geworden:

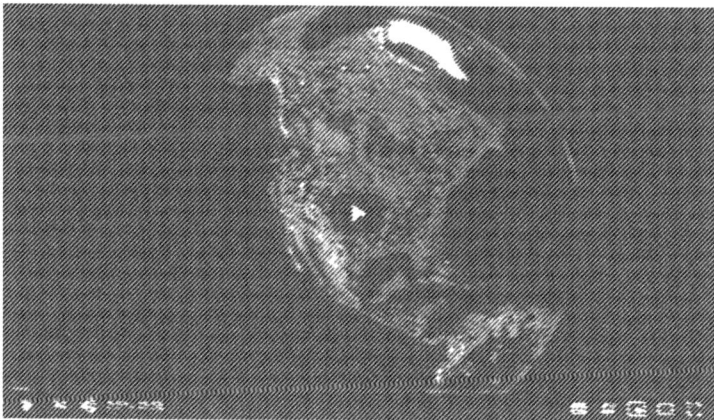

*(Matt Ridley on How Fossil Fuels are Greening the Planet. Symbolbild vom Herausgeber erstellt. Quelle; https://youtu.be/S-nsU_DaIZE )*

Viel relevanter sind die Ozeane, die rund 70% der Erdoberfläche bede-cken:

# Argument Nr. 6: Ozeane und 9 Fehler bei Al Gore – CO2 folgt der Temperatur

Der CO2-Hype begann mit Al Gore's Filmen und Vorträgen „Eine unbequeme Wahrheit" (An unconvenient truth). Dort präsentiert er eine Grafik mit CO2- und Temperaturkurven, die relativ parallel zu verlaufen scheinen.

Schaut man genauer hin, tun sie das auch – allerdings ist die Kausalität umgekehrt. Das CO2-Level folgt (in geringem Umfang) der Temperatur, nicht umgekehrt. Die Ursache dafür sind die Ozeane: Wird es wärmer, geben sie CO2 ab. Kühlt es ab, nehmen die Ozeane CO2 auf. Dieser physikalische Effekt ist unstrittig. Ein echter Physiker weiß das. Um so erstaunlicher ist, dass selbst Physik-Professoren unter den CO2-Anhängern diese Tatsache ignorieren, wenn sie CO2-Konzentrationen bei Temperaturänderungen nicht als Folge anerkennen, sondern als Ursache propagieren. Auch die von den CO2-Anhängern gern verwendeten Grafiken mit der seit 1880 stetig ansteigenden CO2-Kurve, die man im obigen Video ab 0:52 min. sieht, zeigt den Sommer-Winter-Rhytmus. Warum ignorieren das die CO2-Treibhaus-Theoretiker? Weil es ihre Theorie zunichte macht.

Typisch für CO2-Anhänger ist die Manipulation von Grafiken, vor allem durch 3 Methoden:

- Zeitraum so willkürlich ausschneiden, dass die Daten zur These passen (bei größeren Zeiträumen brechen die Thesen zusammen)
- Skala nicht bei Null beginnen lassen, um geringe Änderungen dramatisch wirken zu lassen
- Je nach Ziel Herein- oder Herauszoomen, um dramatischer auszusehen oder Zusammenhänge zu verfälschen.

Al Gore hat in seinen Präsentationen diese Manipulationstechniken angewendez. Seine Grafik ist in manipulativer Weise so groß gewählt (1 Strich auf der x-Achse sind 50.000 Jahre), dass man die 800 Jahre Zeitverzögerung, mit der das CO2-Level der Temperatur folgt, nicht erkennen kann.

Dies ist die Grafik, um die es geht:

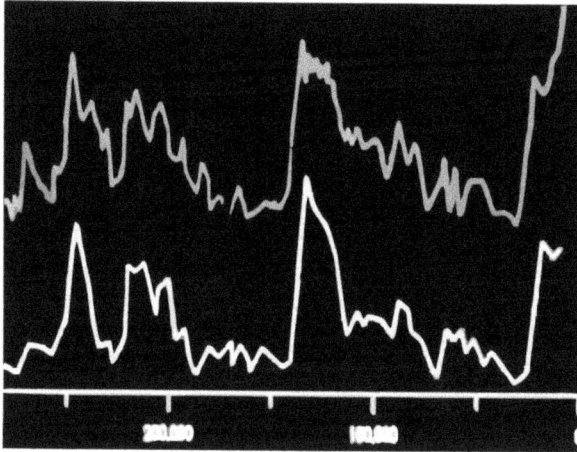

Al Gore Global Warming in 10 min

*(Grafik vom Herausgeber nachgezeichnet)*

2007 befand der britische High Court of Justice (vergleichbar mit dem deutschen Bundesgerichtshof) unter Berufung auf Wissenschaftler, zu denen teilweise sogar der IPCC gehörte (!), dass Gore's Film 9 unwahre bzw. wissenschaftlich nicht haltbare Behauptungen aufstellte:

1. Gore behauptete, in naher Zukunft würde Grönlands Eis abschmelzen und der Meeresspiegel um 7 Meter steigen. Das Gericht urteilte, dass es dafür keine Belege gebe, und dass dies – wenn überhaupt – in mindestens einem Jahrtausend geschehe.

2. Gore behauptete, die Südseeinseln würden untergehen. Das ist falsch (siehe unten unter „Meeresspiegel").

3. Gore behauptete, der Golfstrom nach Europa würde bald kollabieren. Auch das ist falsch. Das Gericht urteilte nach Expertenanhörungen, der Golfstrom könne sich allenfalls ein wenig verlangsamen.

4. Das Gericht urteilte, dass die Grafik (siehe oben) „die Behauptungen von Al Gore nicht stützt, dass die Temperaturen dem CO2 folgen".

5. Das Gericht urteilte, dass der von Gore behauptete Zusammenhang von CO2 und geringerer Schneemenge am Kilimanjaro nicht nachweisbar ist.

6. Das Gericht urteilte, dass der von Gore behauptete Zusammenhang von CO2 und der Trockenheit am Tschad-See nicht nachweisbar ist.

7. Das Gericht urteilte, dass der von Gore behauptete Zusammenhang von CO2 und dem Hurricane Katrina nicht nachweisbar ist.

8. Das Gericht urteilte, dass der von Gore behauptete Zusammenhang von CO2 und einem Ertrinken von Eisbären nicht nachweisbar ist. Bekannt geworden sind lediglich 4 ertrunkene Eisbären, ohne erkennbaren Zusammenhang zur Erderwärmung und CO2.

9. Das Gericht urteilte, dass der von Gore behauptete Zusammenhang von CO2 und Korallenbleiche nicht nachweisbar ist, da es hier andere Faktoren gibt wie zum Beispiel Meeresverschmutzung und Überfischung.

Der Film wurde als „politischer Film" eingestuft und darf in britischen Schulen nicht ohne die Hinweise auf die unzutreffenden / nicht haltbaren Behauptungen gezeigt werden.

Begünstigt durch die von ihm mit inszenierte Klimahysterie gilt mittlerweile als erster „Klimawandel-Milliardär".

## Argument 6a: Wie CO2-Anhänger Fakten und Unwahrheiten vermischen: CO2 und Temperatur – was folgt was?

Eine oft von CO2-Anhängern zitierte Seite ist klimafakten.de – eine Seite, die gelinde gesagt ihrem Namen nicht gerecht wird und wie in Janoschs Kinderbuch „Lari Fari Mogelzahn" Tatsachen so geschickt mit Unwahrheiten mischt, dass die Leser denken: „Aussage X ist wahr, das weiß ich. Aussage Y kann ich nicht beurteilen. Wenn jemand X und Y behauptet, und X stimmt, wird Y wohl auch stimmen."

klimafakten.de schreibt zum physikalisch unbestreitbaren Naturgesetz, dass Ozeane bei Erwärmung CO2 abgeben und bei Abkühlung aufnehmen;

„Fakt ist: CO2 ist die Hauptursache des gegenwärtigen Klimawandels, auch wenn das bei anderen Klimawandeln in der Erdgeschichte anders gewesen sein mag. Eiszeitalter sind durch einen Wechsel von Eis- und Warmzeiten geprägt. Wenn die Erde aus einer Eiszeit kommt, wird die Erwärmung tatsächlich nicht durch Kohlendioxid verursacht, sondern durch Veränderungen der Erdumlaufbahn und der Erdachse. Infolge des Temperaturanstiegs geben dann die Meere CO2 ab, das die Erwärmung verstärkt und über den gesamten Planeten verteilt. In Wahrheit stimmt also beides: Steigende Temperaturen führen zu einem CO2-Anstieg in der Atmosphäre, und CO2 führt zu einer Erwärmung. … Bei genauer Betrachtung jedoch folgt der CO2-Anstieg dem Temperaturanstieg um ungefähr 1000 Jahre." (Quelle)

Klassisch Lari Fari Mogelzahn: Fakten werden anerkannt und mit der falschen Behauptung vermischt. Wobei hier eine absurde Endlosspirale ewiger Erwärmung beschrieben wird. Denken Sie einfach mal mit:

Wenn steigende Temperaturen zu einem CO2 Anstieg führen (was korrekt ist), und dieser CO2 Anstieg wiederum die Temperaturen steigen ließe, dann gäbe es eine Endlosspirale aus immer weiter steigenden Temperaturen, bis die Ozeane verdampfen und der Planet buchstäblich verglüht.

Erkennen Sie die Absurdität? Das ist nicht nur das Gegenteil von Logik, es ist auch durch die Daten der Erdgeschichte widerlegt (siehe z.B. erste Grafik auf dieser Seite).

## Argument Nr. 7: Argument Nr. 7: Der Konsens ist Fake und wäre auch irrelevant: Wissenschaft ist keine Demokratie

„Das Denken soll man den Pferden überlassen, die haben den größeren Kopf."

Eine angebliche 97%ige Mehrheit der Wissenschaftler ist Propaganda auf dem Niveau von nordkoreanischen Wahlergebnissen. „97% aller Bischöfe sind der Meinung, dass Gott existiert" ist kein Gottes-Beweis. Die Bundesregierung behauptet, es seien sogar 99,84%. Das riecht dermaßen nach Gleichschaltung und einer manipulierten Zahl, dass jeder echte Journalist prüfen müsste, wie eine solche extreme Zahl zustande kommt.

### Wie der 97%-Mythos zustande kam, Teil 1

In fast jeder Klimadebatte wird behauptet, dass 97% der Wissenschaftler hinter den Behauptungen stehe, dass der Klimawandel menschgemacht sei und durch unseren CO2-Ausstoss produziert werde. Der Autor Mark Steyn ging der Frage nach, woher diese Zahl stammt. Sie stammt aus einer Umfrage, die im Rahmen einer Dissertation von M. R. K. Zimmerman durchgeführt wurde.

Die „Umfrage" war ein Online-Fragebogen mit zwei Fragen, der an 10.257 Geowissenschaftler geschickt wurde, von denen 3.146 beantwortet wurden. 70% der Befragten war das Thema zu unwichtig, um darin Zeit zu investieren. Von den 30% der antwortenden Wissenschaftler kamen 96,2 Prozent aus Nordamerika. In der Stichprobe sind also die Wissenschaftler aus Europa, Asien, Australien, der Pazifik, Lateinamerika und Afrika so gut wie nicht repräsentiert.

Unzufrieden mit einer so verzerrten Stichprobe wählte man lediglich 79

Forscher aus der Stichprobe aus – und erklärten sie zu „Experten".

Von diesen 79 Wissenschaftlern wurden zwei von einer zweiten Zusatzfrage ausgeschlossen. So schafften es 75 von 77 in die Endrunde, und 97,4 Prozent stimmten so mit „dem Konsens" überein.

- Diese Gruppe „97% der Wissenschaftler" umfasst nur 75 Personen.

## *Wie die 97% Lüge zustande kam, Teil 2*

Nach der Geburt der 97% Lüge kam es zu „Metastudien" durch CO2-Anhänger, also Studien über Studien, die nach der Devise „Man muss die Zahlen so lange verdrehen, bis sie passen" das gewünschte Ergebnis bestätigen.

John Cook von der Physikfakultät der Universität Queensland, Australien, lieferte am 16. Mai 2013 ein solches Werk. Cook und sein Team analysierten 2012 nach eigener Aussage 11.994 wissenschaftliche Artikel, die zwischen 1991 und 2011 erschienen waren und die Suchbegriffe "globale Erwärmung" und "globaler Klimawandel". Dass diese Masse an Artikeln (die durchweg lang und komplex sind) tatsächlich gelesen und korrekt bewertet wurden, ist unwahrscheinlich. Falls er alle seine Studenten dazu eingesetzt hat, ist es nicht auszuschließen, sofern diese Studenten 2012 nichts anderes taten

Von den 11.994 Veröffentlichungen vertraten nur 32,6 % der Wissenschaftler die Ansicht, dass die globale Erwärmung durch Menschen verursacht sei (Anthropogenic Global Warming, AGW). Und 97 % dieses Drittels, nicht der Gesamtmenge, hielt "die jüngste Erwärmung vor allem von Menschen gemacht". Die Mehrheit der Wissenschaftler, 66,4 Prozent, bezog keine Position zum AGW. Aber die Zahl 97 machte weltweit die Runde.

Nur der „Peer Review" wird gezählt. Das heißt: Die CO2-Anhänger zahlen den Anteil der in ihrem Einflussbereich veröffentlichten „wissenschaftlichen Arbeiten", die die CO2-Theorie bestätigen. Arbeiten, die die CO2-Theorie widerlegen, werden nicht zugelassen. Hinzu kommt die Gleichschaltung / Selbst-Gleichschaltung: Wessen Ergebnisse die CO2-Theorie widerlegen, kann keine akademische Karriere machen.

Nahe 100% ist auch der Anteil der VWL-Professoren, die den Studenten die neoliberale Form der Ökonomie als alternativlos eintrichtern. Sie alle liegen unübersehbar falsch.

Tatsächlich gibt es eine mindestens 6-stellige Zahl von wissenschaftlichen Gegnern der CO2-Theorie, wie zum Beispiel in der Petition von 91 namhaften italienischen Wissenschaftlern oder 31.487 US-Wissenschaftlern. Unter Anderem in China sind die führenden Wissenschaftler davon überzeugt, dass CO2 aufgrund der viel zu geringen Konzentration irrelevant ist.

Wissenschaft ist auch keine Demokratie. Wäre die Mehrheit entscheidend, wäre es heute noch Lehrmeinung, dass der jeweilige Gott die Erde erschaffen hat, die Erde das Zentrum des Universums ist, und dass sich Sonne und Sterne um die Erde drehen. Wissenschaft bedeutet immer, dass es um die Suche nach Wahrheit oder zumindest nach der größtmöglichen Wahrscheinlichkeit geht, und dass Einzelne die bisherige Lehrmeinung widerlegen oder weiterentwickeln. Wer meint, er sei in Besitz einer endgültigen Wahrheit, ist per Definition kein Wissenschaftler, sondern Ideologe. Echte Wissenschaftler geben gerne zu, dass jede Theorie nur vorläufig gilt, bis sie eine andere mit einer höheren Wahrscheinlichkeit ablöst.

Die Wirtschaftswoche schrieb am 28.04.1974: „Es wird seit 30 Jahren kälter. Seit 1940 ist die globale Durchschnittstemperatur um 1,5 Grad gesunken. Die Theorien reichen vom Einfluss der Sonnenflecken bis zur Aussperrung von Sonnen-Energie durch eine umweltverschmutzte Atmosphäre." Die Welt schrieb: „In Argentinien, in Indien und Südafrika sanken im letzten Winter die Temperaturen auf Werte, wie sie seit Beginn der wissenschaftlichen Wetterbeobachtung vor etwa 300 Jahren noch nie registriert wurden."

Der Spiegel schrieb am 12.8.1974: „Halte die gegenwärtige Klimaverschlechterung an, so warnt etwa der US-Wissenschaftler Reid Bryson, Direktor des Instituts für Umweltstudien an der Universität von Wisconsin, so werde sie demnächst womöglich die ganze Menschheit in Mitleidenschaft ziehen – eine Milliarde Menschen würde verhungern. Die Chancen für eine rasche Rückkehr des günstigen Klimas etwa der dreißiger Jahre, so taxierte der US-Wetterforscher James McQuigg, stünden bestenfalls eins zu 10000". Und heute haben wir das Klima aus in den dreißiger Jahren, dass sich der Direktor des Instituts für Umweltstudien wünschte…

## Argument Nr. 8: Der „Hockey Stick" ist eine Lüge, Temperaturen steigen seit 1998 nicht

Dabei hat der britische Bundesgerichtshof einen weiteren schweren Fehler bei Al Gore nicht entdeckt: Gore wählt selektiv die Daten der Nordhalbkugel. Den stellen Anstieg am Ende, auch bekannt als „Hockey Stick", gibt es nur, wenn man gefälschte Daten zugrunde legt und die daraus getricksten Grafiken durch zu kurze Ausschnitte sowie das Heranzoomen auf Nachkommastellen manipuliert.

Fakt ist: Die Nordhalbkugel erwärmt sich leicht, aber die Südhalbkugel kühlt sich ab. Die Aktis verlor zeitweise Eis, hat aber mittlerweile so viel Eis wie seit 10 Jahren nicht mehr. Die Antarktis bricht beim Eis 60 Jahre alte Rekorde. Die Eisbären-Population hat stark zugenommen. 2011 war in Großbritannien der kälteste Winter seit 100 Jahren.

Michael Mann, der Erfinder des „Hockey Stick", behauptet, es habe noch nie eine derart schnelle globale Erwärmung gegeben wie in den letzten 150 Jahren. Das ist ja interessant: Woher hat er die Daten? Es gibt keine globalen Daten aus den letzten Jahrhunderten. Physiker Dr. Ralf Tscheuschner erklärt im Gespräch mit Gunnar Kaiser, dass es selbst in den letzten Jahrzehnten kein ausreichendes Netz von Messpunkten gab, um belastbare Durchschnittstemperaturen zu ermitteln.

70% der Erdoberfläche sind Ozeane, in denen es erst seit dem 20. Jahrhundert Temperaturmessungen gab, und das auch nur extrem grobmaschig. In Afrika, der Antarktis, Südamerika und weiten Teilen Russlands gab es bis zum 20. Jahrhundert praktisch keine Messstationen, und heute liegen sie in weiten teilen der Welt viel zu weit auseinander, um Durschnittstemperaturen zu messen.

Unübersehbar wird die Lüge in Michael Mann's „Hockey Stick", wenn man seine Grafik mit echten Daten vergleicht:

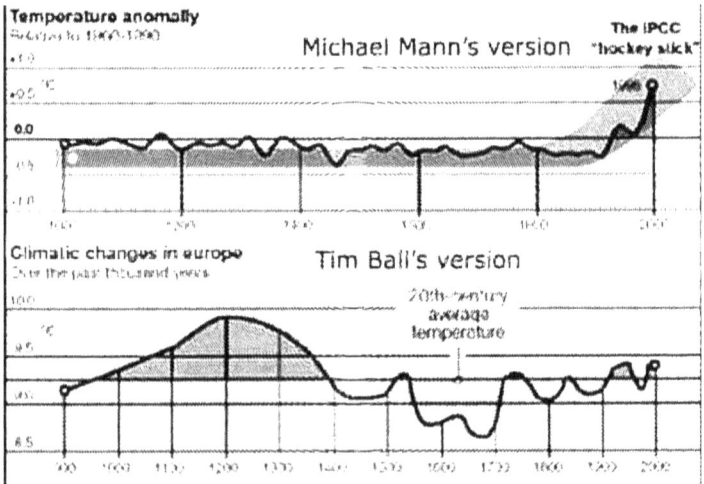

*(Symbolbild vom Herausgeber erstellt. Quelle: https://www.economy4-mankind.org/wp-content/uploads/2019/09/hockey-stick-michael-mann-tim-ball-kritik.jpg)*

Die Mittelalterliche Warmzeit von 1000 bis 1400 und die „kleine Eiszeit" alias das „Maunder Minimum" im 16, und 17. Jahrhundert gibt es bei

Michael Mann nicht. Alle Daten und Proportionen, die er in der „Hockey Stick" Grafik propagiert, sind entweder durch echte Daten widerlegt oder überhaupt nicht belegbar.

Vielleicht haben Sie vom Rechtsstreit zwischen „Hockey Stick" Erfinder Michael Mann und seinem Kritiker Tim Ball gehört. Ball entlarvte Mann als Betrüger und meinte, er gehöre eher in ein Gefängnis als an eine Universität. Mann verklagte daraufhin Ball, um ihn zum Schweigen zu bringen und andere Kritiker abzuschrecken. Das Gericht, der kanadische Supreme Court of British Columbia, wies die Klage ab, weil Michael Mann sich weigerte, den Ursprung seiner angeblichen Daten offenzulegen. Das Urteil bzw. den Abweisungs-Text finden Sie hier.

Nun fragen Sie sich einmal selbst: Wenn Sie Michael Mann wären und echte Datenquellen für Ihre sensationelle „Hockey" Stick" Entdeckung" hätten – warum veröffentlichen Sie Ihre Quellen nicht? Einzig logische Schlussfolgerung: Die Datenquellen existieren nicht bzw. die Daten wurden so manipuliert, dass der „Hockey Stick" entstand.

Heutzutage sind Temperaturmessungen noch immer zu grobmaschig, aber weitaus präziser ale je zuvor. Und siehe da: In den letzten beiden Jahrzehnten sind die Temperaturen global nicht gestiegen- Es gab lediglich regional unterschiedliche normale Schwankungen (Quelle der Grafik mit detaillierten Erläuterungen finden Sie hier beim Meteorologen Anthony Watts):

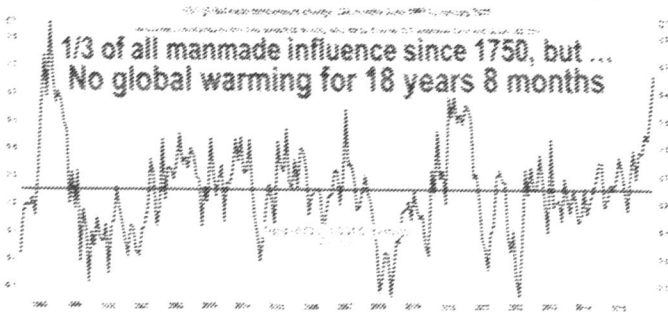

*(Symbolbild vom Herausgeber erstellt. Quelle: https://www.economy4-mankind.org/wp-content/uploads/2019/07/klimawandel-pause-1997-2015.jpg )*

## CO2 Steuer: Sinnlos, bewirkt Klassengesellschaft und Implosion der Volkswirtschaft

Wenn es nicht so absurd wäre, wäre es lustig: Mit einer Steuer auf CO2 sollen die globalen Temperaturen gesenkt werden, obwohl $CO_2$ darauf gar keinen Einfluss hat. Ebenso gut könnte man beten.

Das erkennen auch immer mehr Menschen. Unser Telepolis Gastbeitrag „Die Zwickmühle der $CO_2$-Steuer" vom 18.07.2019 war in den Tagen nach der Veröffentlichung mit über 750 Kommentaren der meistkommentierte sowie der meistgelesene Beitrag.

Unser Beitrag erklärt die Zickmühle, in der diese Steuer steckt: Entweder ist sie so niedrig, dass die Wähler sie akzeptieren. Dann kann sie nichts bewirken. Oder sie ist so hoch, dass sie wirkt. Dann ist sie nicht mehrheitsfähig, weil Autofahren, Flugreisen, das Beheizen großer Wohnungen, der Konsum von Fleisch und Milchprodukten und vieles Andere zum unbezahlbaren Luxus werden müssten. So oder so: Die $CO_2$-Steuer ist ein Zombie. Sie ist zugleich in ihrer Wirksamkeit tot und als Ideologie untot. Das wahrscheinlichste Szenario ist eine Steuer von mittelfristig 180 €/Tonne, die nichts bewirkt, außer, dass sie die Wähler wütend macht. Mit entsprechenden Konsequenzen auf die folgenden Wahlergebnisse.

Die Journalisten von Spiegel, Süddeutscher Zeitung, Tagesschau & Co haben diese Problematik noch nicht erkannt und werden überrascht sein, wie künftige Wahlen ausgehen. Selbst so mancher Vorstandschef hat die Zwickmühle der $CO_2$-Steuer nicht begriffen. Frank Appel, Chef der Deutschen Post, sagte der „Rheinischen Post": „Wir brauchen in Europa oder in allen Industriestaaten eine $CO_2$-Steuer, die berechenbar langfristig (auf 100 Euro) steigt. Wir werden grüneres Wachstum haben, aber nicht weniger. Weniger Wachstum wäre ja nur zu erwarten, wenn Menschen verboten wird, bestimmte Waren zu kaufen oder irgendwohin zu reisen."

Post-Chef Appel hat den Zweck der $CO_2$-Steuer nicht verstanden: Eine Unbezahlbarkeit ist wie ein Verbot. Eine extrem hohe $CO_2$-Steuer auf Benzin und Diesel, Flugreisen, Fleisch, Milch etc. ist quasi ein Verbot des Autofahrens, der Flugreisen, des Fleisch- und Milchprodukte-Konsums. Wird die $CO_2$-Steuer konsequent auf alles aufgeschlagen, was $CO_2$ emittiert, wird vom Hausbau bis zu Nahrungsmitteln praktisch alles unbezahlbar.Billige Energie ist eine wesentliche Grundlage für unseren (relativ hohen) Wohlstand und unsere Lebensqualität.

Die $CO_2$-Steuer wird also entweder inkonsequent und eine sinnlose Symbolpolitik sein, oder Deutschland erlebt die größte Wirtschaftskrise aller Zeiten.

Wer eine $CO_2$-Steuer fordert, die wirkt, hat überhaupt nicht begriffen, welche Konsequenzen das hat.

# Das angebliche Exxon-Hauptbeweisstück

CO2-Anhänger argumentieren gern mit der „Exxon-Studie" zum Klimawandel, die angeblich geheim gehalten wird. Die Überlegung: Die Ölindustrie macht ihre Profite mit dem Verkauf von Öl. Diese Profite sind bei einer
Bekämpfung von CO2 in Gefahr. Also wäre es plausibel, dass sie über Lob-
byisten die Politik dazu bringt, das angebliche CO2-Problem zu ignorieren.

Wenn nun ein Ölkonzern gegen die CO2-Theorie agiert und gleichzeitig
selbst die CO2-Theorie in einer Studie bestätigt, ist das so, als hätte man einen Verbrecher auf frischer Tat ertappt. Die Exxon Studie ist für die CO2-
Anhänger so wichtig, weil sie als ein Hauptbeweisstück der CO2-Theorie
gilt. Aber hier muss man genauer hinschauen. Was steht eigentlich in der
Studie?

Es gibt dazu „Dokumentar-Reportagen", in denen einseitig und manipulativ ausschließlich Anhänger der CO2-Theorie zu Wort kommen, um das
gewünschte Ergebnis zu produzieren: Die Welt geht unter, CO2 ist die einzige Ursache, wir Menschen sind an allem schuld, und Ölkonzerne vertu-
schen die Wahrheit (ein Motiv hätten sie ja).

Dass u.a. die NASA (mehr darüber) und das IPCC (siehe unten, „Climategate") Klimadaten fälschen, dass die CO2-Anhänger einseitige Studien
produzieren, die alle Faktoren außer CO2 (siehe Liste oben unter „CO2 oder
nicht CO2") ignorieren, und dass die CO2-Lobby enormen Druck auf die
Politik ausübt, unterschlagen die Autoren. In dieser WDR-„Doku" meint
Autor Johan von Mirbach: „Wie kann der Kreislauf aus Vertuschung, ein-
seitigen Studien und Lobbyismus durchbrochen werden"?

Ja, das wüsste man gern. Wie kann der Kreislauf aus Faktenverdrehung,
maßloser Übertreibung und Ergebnisvertuschung der CO2-Hysteriker, ein-
seitigen pro-CO2-Studien und CO2-Lobbyismus durchbrochen werden? Indem immer mehr Bürger selbst nachdenken und sich nicht auf Meinungs-
macher verlassen.

Warum haben Exxon und die anderen Öl- und Gaskonzerne Berech-
nungsversuche zur Entwicklung des Klimas betrieben? Verdächtig, oder?
Nein, sie tun es aus dem gleichen Grund, aus dem Tiefbauarbeiten nicht im
Winter, sondern im Sommer stattfinden: Je nach Härte des Bodens steigen
und sinken die Kosten. Jedes Unternehmen plant. Apple muss planen, wie
viele IPhones verkauft werden können und produziert werden müssen. Ölkonzerne müssen planen, an welche Temperaturen und Bodenbeschaffen-
heiten sie Pipelines und Bohrinseln anpassen müssen. Das ist keine Ver-
schwörung, sondern Betriebswirtschaft.

Exxon und andere Ölkonzerne fanden nicht heraus, dass es einen Klimawandel gibt. Dass sich das Klima ständig wandelt, weiß man mindestens

seit Jahrhunderten. Bei Exxon & Co. geht es nur um die Planungen bezüglich der Frage, ob es in 30 Jahren kälter oder wärmer ist. Treffende Prognosen sind für die Ölkonzerne viel Geld wert, weil sonst die Anlagen für Öl- und Gasgewinnung und Transport umgerüstet werden oder Tanker andere Routen fahren müssten. Klimaprognosen sind für Ölkonzerne so selbstverständlich wie Wetterprognosen für Landwirte. Dabei haben die Exxon-Mitarbeiter mehrere (nicht alle) Faktoren untersucht, die das Klima verändern könnten. Dazu gehört nicht nur, aber auch CO2.

Verdächtig finden die CO2-Anhänger auch die Tatsache, dass Exxon seitdem keine Klimastudien mehr in Auftrag gab. Dazu muss man wissen, dass die globalen Durchschnittstemperaturen von den 1940er bis zu den 1970er-Jahren sanken (siehe unten „Panik, Wandel und Kipp-Punkte vs. natürliche Schwankungen"). Nicht wenige Experten sahen eine neue Eiszeit auf die Welt zukommen, weil auch sie den Fehler machen, einen kurzen Trend einer Welle in die Ewigkeit zu extrapolieren. Der Exxon-Vorstandschef Lee Raymond wollte logischerweise wissen, ob sich die Firma auf härtere Böden, mehr Eis und höhere Kosten einstellen muss.

Das Ergebnis der Exxon-Berchnungen war eine Entwarnung für eine weitere Vereisungsgefahr. Seit Anfang der 1980er-Jahre bestand keine Gefahr mehr, dass sich die Ölindustrie in Alaska und Nordkanada auf sinkende Temperaturen und härtere Böden einstellen muss. In der Antarktis hingegen sanken die Temperaturen, aber dort wird kein Öl gefördert. Also konnten Exxon & Co. das Thema abhaken.

Dies ist die „streng geheime" Grafik aus der Exxon-Hochrechnung von 1982, die die Verschwörungstheoretiker als „Hauptbeweisstück" zitieren:

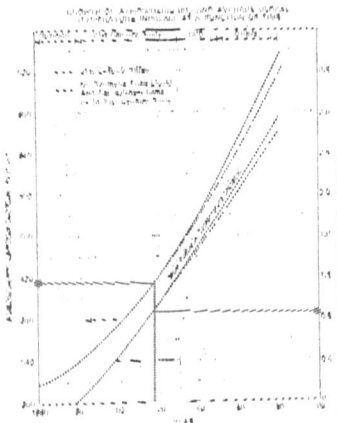

*(Symbolbild vom Herausgeber erstellt. Quelle: https://www.economy4-mankind.org/wp-content/uploads/2019/08/exxon-co2-temperatur-progno-*

*se.jpg )*

Wie man sieht, beweist die Grafik nur, dass die Exxon-Mitarbeiter ständig steigende CO2-Konzentrationen und Temperaturen prognostizierten. CO2-Werte haben sie einfach gemessen und als Trend extrapoliert. Da sich der CO2-Wert im Unterschied zur Temperatur nur sehr träge ändern kann, weil er vor allem von den puffernden Ozeanen abhängt, ist die bloße Extrapolation nun wirklich kein Kunststück.

Das Jahr 2018 wird von den CO2-Anhängern als „Beweis" propagiert, weil es fast das einzige Jahr ist, in dem es zufälligerweise zur Glaubenslehre passt. Bei den Temperaturen lagen die Exxon-Leute meist erheblich daneben, weil ihre Linie der Temperatur nur eine Richtung kennt: Ständig steigend. Das tatsächliche auf und ab der Temperaturen kommt nicht vor. Wenn man die gemessenen tatsächlichen Temperaturen der von Exxon gewählten Zeitreihe (die Studie stammt von 1982) betrachtet (siehe eine Grafik weiter oben), löst sich die prognostizierte Temperaturkurve in Rauch auf.

Das physikalische Gesetz „Je mehr CO2, desto geringer die Wirkung" (siehe oben) widerlegt die Exxon-Prognose. Und man darf nicht vergessen: Es ist nur eine Hochrechnung, die auf Annhamen basiert, und nicht auf gemessenen Daten oder physikalischen Gesetzen. Die Exxon-Hochrechnung beweist also lediglich, dass die Exxon-Leute 1982 ein gewaltiges wissenschaftliches Informationsdefizit hatten. Nach der Abkühlung der 1940er bis 1970er-Jahre stiegen die Temperaturen wieder. Eine gerade begonnene Steigung einfach in die Ewigkeit zu extrapolieren zeigt, wie einfach es sich die Mitarbeiter von Exxon machten. Die Studie ist schlicht unbrauchbar.

## Steigen die Temperaturen „schneller als jemals zuvor"?

Ein Standardargument der CO2-Anhänger ist, dass das Klima in den letzten Jahren „schneller gestiegen sei als je zuvor". Mal abgesehen davon, dass das nicht stimmt (siehe Grafil oben, Vergleich 2015-2017 gegenüber 1997-1998):

Wir reden hier über Zehntel-Grade binnen weniger Jahre. Das ist kein Klimawandel, sondern Wetter. Die 1,5 Grad, die die Temperaturen in den letzten 150 Jahren gestiegen sein sollen, sind gerade mal ein Hundertstel Grad pro Jahr. Und wenn man die letzten 200 statt 150 Jahre nimmt, ist die Temperatur überhaupt nicht gestiegen.

Bei allen Zeiträumen vor 1800 gibt es überhaupt keine Daten, die einen Vergleich von Zehntelgrad-Steigerungen binnen wenhiger Jahrzehnte zulassen.

# Keine Häufung von Extremwettern, Stürmen, Hurrikanen

Klimawandel-Anhänger gehen von der kindlich-naiven Annahme aus, dass das Wetter und Klima sich nur in ganz geringem Maße ändern dürfe. Sie stellen sich das Klima als eine Art Maschine vor, die immer auf die gleiche Weise funktioniert und jedes Jahr sehr ähnliche Temperaturen, Regenmengen, Schneemengen, Sonnenstunden, Winde, etc. erzeugt.

$CO_2$-Anhänger versuchen die Dringlichkeit der $CO_2$-Reduzierungen mit der Behauptung zu untermauern, es gebe mehr Extremwetter und Stürme. Das wäre auch ein guter Grund – wenn er stimmen würde.

Es gibt nicht mehr Tropenstürme, Hurrikane und andere Formen von Extremwetter. Es wird nur medial mehr darüber berichtet, was auch daran liegt, dass durch die Bevölkerungsexplosion viel mehr Menschen betroffen sind.

Tatsächlich zeigen die Daten der schweren Stürme eine erstaunlich größe Stabilität:

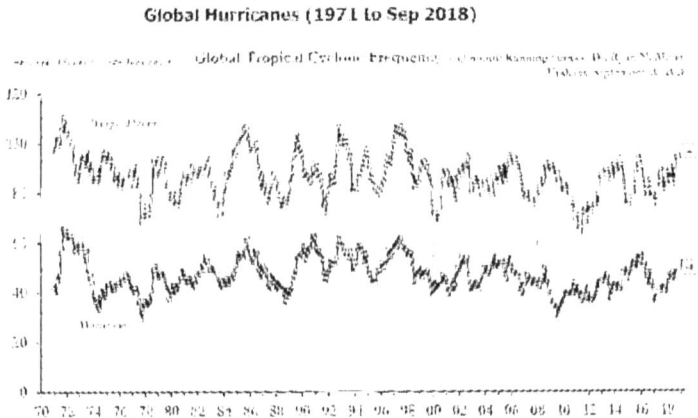

Global Hurricanes (1971 to Sep 2018)

*(Symbolbild vom Herausgeber erstellt. Quelle: https://www.economy4-mankind.org/wp-content/uploads/2019/08/tropensturm-hurrikan-4-deka-den.jpg )*

## CO2 steigt, Waldbrände sinken

$CO_2$-Anhänger propagieren, dass durch steigende $CO_2$-Emissionen die Zahl der Waldbrände steigt. Zutreffend ist das Gegenteil. Die nachfolgende Statistik zeigt, wie die Waldbrände (Einheit: 10.000 Quadratkilometer pro Jahr) seit 1900 kontinuierlich sinken:

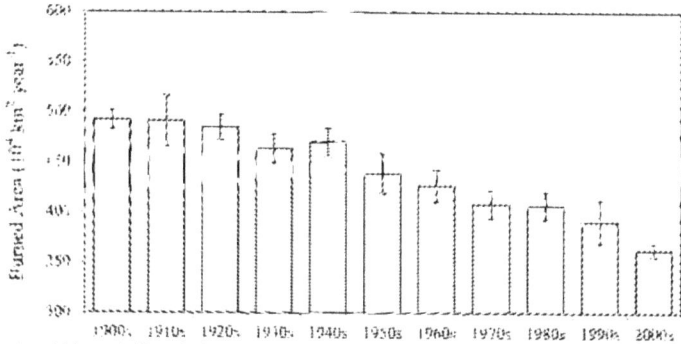

Spatial and temporal patterns of global burned area in response to anthropogenic and environmental factors:

Reconstructing global fire history for the 20th and early 21st centuries

Journal of Geophysical Research: Biogeosciences Volume 119, Issue 3, Pages 249-263, First published: 14 February 2014

DOI (10.1002/2013JG002532)

https://agupubs.onlinelibrary.wiley.com/doi/full/10.1002/2013JG002532

*(Symbolbild vom Herausgeber erstellt. Quelle: https://www.economy4-mankind.org/wp-content/uploads/2019/08/waldbrand-langzeit-statistik-global.jpg)*

Die Quellen gehören zum wissenschaftlichen Establishment: Researchgate, Wiley AGU Advancing Eartn and Space Science.

Wenn die Korrelation „Steigendes $CO_2$ und sinkende Waldbrände" eine Kausalität wäre, müsste man meht $CO_2$ freisetzen, um die Waldbrände zu senken. Offensichtlich ist aber auch hier keine Kausalität vorhanden. Kausal ist etwas anderes: Durch die Bevölkerungsexplosion sinkt die Zahl der Waldflächen, so dass auch nur weniger Wald abbrennen kann.

## Keine Häufung von Dürren

$CO_2$-Anhänger benutzen auch Dürren, um ihren Glauben zu propagieren. Wie die Daten zeigen, sind die Dürren der letzten 7 Jahrzehnte (weiter reicht die Statistik von climate.gov nicht zurück) recht stabil.

Auch in den letzten 3 Jahrzehnten gab es trotz angeblichem „Hockcy Stick der Temcperaturen" und seit Jahrzehnten kontinuierlich (wenn auch geringfügig) steigendem $CO_2$ keine Zunahme von Dürren. Ausreißer einzelner Jahre fallen unter „Wetter".

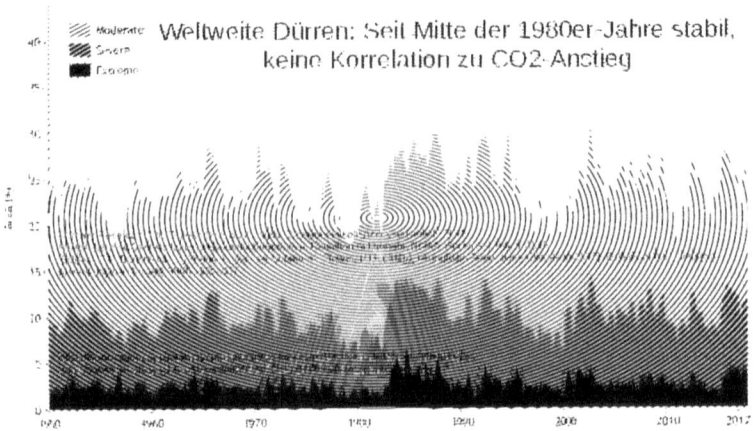

Weltweite Dürren: Seit Mitte der 1980er-Jahre stabil,
keine Korrelation zu CO2-Anstieg

*(Symbolbild vom Herausgeber erstellt. Quelle: https://www.economy4-mankind.org/wp-content/uploads/2019/08/weltweite-duerren-1950-2018.jpg )*

Bei Dürren ist auch der Faktor „Überbevölkerung" relevant:Gäbe es nicht zu viele Menschen, würden viel mehr Urwälder stehen, wo heute Landwirtschaft betrieben wird. Grundwasser würde nicht in Massen für den Menschen verbraucht.

## CO2 ist eine Grundlage des Lebens

Wenn man die Kinder bei Fridays for Future und die klassischen Tagesschau-Konsumenten fragt, auf wieviel die Konzentration von CO2 in der Atmosphäre sinken soll, offenbaren sich erhebliche Bildungslücken. Denn die Antwort lautet meist „Null". Ist ja angeblich ein Gift, und Gift muss weg.

Wer in Biologie aufgepasst hat, weiß: Pflanzen wandeln bei der Photosynthese (Stoffwechsel der Pflanzen) Wasser, CO2 und Licht in Sauerstoff und Glucose um. Die Glucose benötigen Pflanzen für ihr Wachstum. Den Sauerstoff geben die Pflanzen in die Atmosphäre ab.

Ohne CO2 gäbe es für Mensch und Tier keine atembare Atmosphäre. Die 280 ppm, die die CO2-Theoretiker als Ideal propagieren, sind der historische Tiefstwert und liegen bedenklich nahe an den 150 ppm, ab denen so viele Pflanzen nicht mehr leben können, dass die Menschheit verhungern müsste. CO2 wird in den Medien als „Klima-Gift" propagiert, das es – wie diese Seite beweist – nicht im Entferntesten ist. CO2 ist Leben und fördert das Pflanzenwachstum, wie dieser Film zeigt:

96

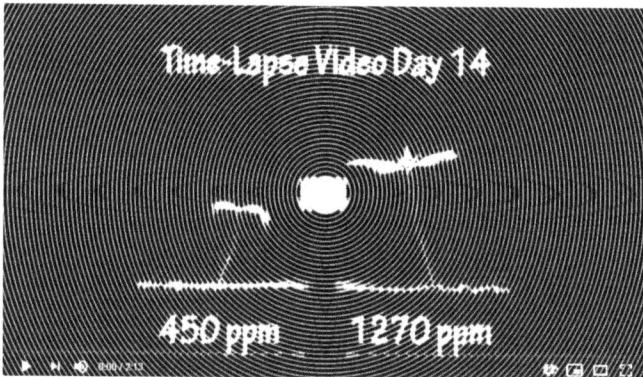

Wenn Sie „CO2 ppm Gewächshaus" googlen, finden Sie (Stand August 2019) auf Platz 1 diese zusammenfassende pdf-Datei der Baubiologen und Ingenieure Brigitte Rein und Ulrich Grüger. Sogar bei der bei Klima-, Politik- und Ökonomie-Themen oft unneutralen Wikipedia schreiben die Autoren unter „Kohlenstoffdioxid-Düngung" über den Einsatz von professionellen Landwirten und Wasserpflanzen-Züchtern.

Demnach liegt das Optimum der CO2 Konzentration je nach Pflanzenart bei 400 – 1.600 ppm. In Gewachshäusern blasen die Profis CO2 ein, um das Pflanzenwachstum so zu fördern, wie man es im obigen Video sieht.

## Eine (vorübergehende) Korrelation ist keine Kausalität

CO2 ist der Kern einer unbewiesenen Theorie, auf der lediglich ein Computermodell des IPCC basiert. Dabei geht der IPCC einfach mal von der völlig unlogischen Voraussetzung aus, dass 0,04% CO2 die Atmosphäre erwärmt, und extrapoliert einfach diese Behauptung in die Zukunft. Der IPCC verwechselt eine zeitweilige scheinbare Korrelation mit einer Kausalität. Thomas Schmidt (Künstlername: Thomas Wangenheim) erklärt den Unterschied:

*(Korrelation & Kausalität einmal anders: Mächtigkeit der Korrelation, Autobahn & Social Engineering. Symbolbild vom Herausgeber erstellt: Quelle: https://youtu.be/T9jjJCtaKkQ )*

Der IPCC gab sich selbst den unzutreffenden Namen „Weltklimarat". Es gibt keinen Weltklimarat, weil es weder einen weltweiten Konsens noch eine demokratische Legitimation dafür gibt. Der IPCC ist der oberste Vertreter der CO2-Theorie. Mehr nicht. Und es ist dem IPCC nicht gelungen, die CO2-Theorie zu beweisen.

## Willkürliche Zeitreihen

Manipulativ ist zum Beispiel die Auswahl der Statistiken. Wenn es heißt „höchste Temperaturen seit dem Jahr X", können Sie sicher sein, dass die Statistik in sich zusammmenfällt, wenn man den Zeitraum davor einbezieht. Was soll es beweisen, wenn jemand Alarm schlägt: „Wir haben jetzt, um 10 Uhr morgens, die höchsten Temperaturen seit Mitternacht!"

Die Temperatur der Atmosphäre schwankt in Wellenbewegungen. Wenn man nur den Anfang einer Welle heraus greift, beweisen Steigungen gar nichts. Je mehr Wellen man betrachtet, und je langfristiger die betrachteten Zeiträume sind, desto valider wird die Schlussfolgerung.

Wer sagt „Die Temperatur steigt seit 1850", dessen Schlussfolgerung wird zum Beispiel durch die Universität und Wetterstation Jena widerlegt, die seit 1813 Temperaturen aufzeichnet. Thomas Wangenheim erläutert es in diesem Video:

98

*(Menschgemachter Klimawandel? Antwort mithilfe von Langzeitmessungen. Symbolbild vom Herausgeber erstellt. Quelle: https://youtu.be/T9jjJCtaKkQ )*

Ab 11:36 erläutert Wangenheim die Daten einer noch älteren Messstation, und zwar aus dem österreichischen Koster Kremsmünster, das bereits seit 1768 Temperaturen aufzeichnet. Die Mönche zeichneten auf, dass um 1800 die höchste vorindustrielle Temperatur lag. Ansonsten sind die Daten fast deckungsgleich mit den Jenaer Messungen.

Dies ... sind die Temperaturen und Niederschlagsmengen seit 1813 (auf dem Smartphone können sie die Grafik zur Seite scrollen, um sie komplett

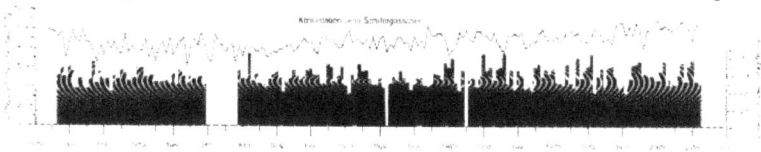

zu betrachten):

*(Symbolgrafik vom Herausgeber erstellt. Quelle: https://www.ig-w.uni-jena.de/igwmedia/Bilder/Einrichtungen/Wetterstation/zeitreihewsje-na-width-/44-height-140.png )*

Wie man sieht, sieht man nichts vom Klimawandel, wenn die Skala bis zur Null-Linie reicht und der Zeitraum länger ist. Bemerkenswert ist auch die einzige wirklich seriöse Statistikdarstellung, nämlich die komplette Skala ab Null statt der manipulativen Zoom auf Ausschnitte und Nachkommastellen. Bemerkenswert ist außerdem, dass die Wetterstation Jena eine Gemeinsamkeit mit sehr vielen Wetterstationen hat: Lag sie zu Beginn noch auf dem Land und bildete dort die Land-Temperaturen ab, ist mittlerweile eine Stadt um sie herum gewachsen. Städte sind immer wärmer als das

99

Land. Auch das verfälscht die Vergleichbarkeit.

Warum wählen wir Jena? Weil es neben Karlsruhe die einzige Wetterstation in der ersten Hälfte des 19. Jahrhunderts in Deutschland war. Dies sind die sehr ähnlichen Daten ab 1800 aus Karlsruhe (Quelle: Bernhard Mühr, klimadiagramme.de):

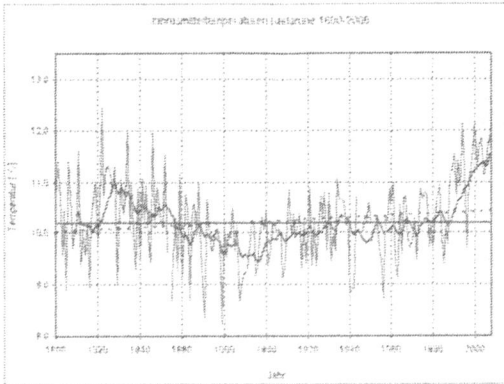

*(Symbolgrafik vom Herausgeber erstellt. Quelle: https://www.economy4mankind.org/wp-content/uploads/2019/07/karlsruhe-temperaturen-1800-2008-klimadiagramme-de.png)*

So sieht die globale langfristigste wissenschaftlich rekonstruierte Entwicklung von $CO_2$ und Temperatur aus:

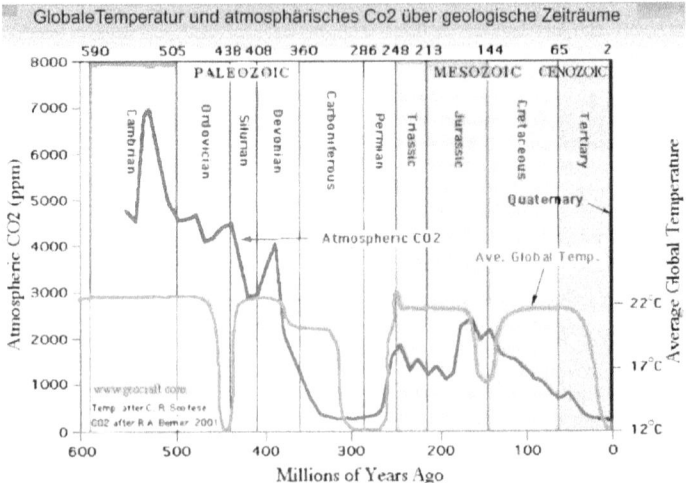

Late **Carboniferous** to Early **Permian** time (315 mya -- 270 mya) is the only time period in the last 600 million years when **both** atmospheric **CO2** and **temperatures** were as low as they are today **(Quaternary Period )**.

*(Grafik vom Herausgeber nachgezeichnet. Quelle: https://www.econo-my4mankind.org/wp-content/uploads/2019/07/CO2-Temperatu-ren-600-Mio-Jahre.jpg )*

Sie sehen die Kurven für CO2 und Temperaturen der letzten 600 Millionen Jahre. Wo erkennen Sie eine Kausalität zwischen CO2 und Temperatur?

Diese Grafik enstand, in dem man die Kurven einer CO2-Rekonstruktion und einer Temperatur-Rekonstruktion übereinanderlegt, die darauf spezialisierte Wissenschaftler unabhängig voneinander ermittelten.

Die CO2-Kurve stammt von Robert A. Berner und Zavareth Kothavala, Fakultät Geologie und Geophysik, Yale Universität, veröffentlicht unter „Geocarb III: A Revised Model of Atmospheric CO2 over Phanerozoic Time" im American Journal of Science, Vol. 301, 2001.

Die Temperaturen rekonstruierte 2016 der Paläogeologe Christopher. R. Scotese von der Northwestern University (eine Uni mit 16 Nobelpreisträgern, also kein Hort für Verschwörungstheoretiker), veröffentlicht unter „A New Global Temperature Curve for the Phanerozoic".

Da fragten wir uns: Wie rekonstruiert man Temperaturen, die vor so langer Zeit bestanden? Scotese erklärt auf seiner Website die Methode der erdgeschichtlichen Temperaturbestimmung:

„Paläoklimatologie. Das Erdklima ist in erster Linie das Ergebnis der Umverteilung der Sonnenenergie auf der Erdoberfläche. Es ist warm in der Nähe des Äquators und kühl in der Nähe der Pole. Auch die Feuchtigkeit oder der Niederschlag variiert systematisch vom Äquator bis zum Pol. Es ist nass in der Nähe des Äquators, trocken in den Subtropen, nass in den gemäßigten Bändern und trocken in der Nähe der Pole. Bestimmte Arten von Gesteinen bilden sich unter bestimmten klimatischen Bedingungen. Zum Beispiel entstehen Kohlen dort, wo sie nass sind, Bauxit dort, wo sie warm und nass sind, Evaporite und Kalkbetone dort, wo sie warm und trocken sind, und Tillites dort, wo sie nass und kalt sind. Die alte Verteilung dieser und anderer Gesteinsarten kann uns sagen, wie sich das globale Klima im Laufe der Zeit verändert hat und wie die Kontinente über die Klimagürtel gereist sind."

Dieser Film visialisiert die erdgeschichtliche Temperaturentwicklung mit den Daten von Robert Scotese:

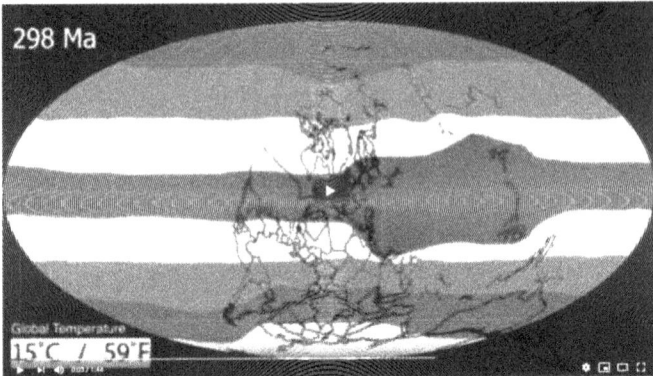

*(Global Climate Change (Modern to 540 Ma) CR Scotese. Symbolbild vom Herausgeber erstellt. Quelle: https://youtu.be/Oo1vbGCUR8s )*

Fakt ist übrigens auch, dass die $CO_2$ Konzentration fast immer weitaus höher war als heute. $CO_2$ ist unbestreibar eine unverzichtbare Grundlage der Photosynthese und damit des pflanzlichen Lebens.

Die Daten widerlegen nicht nur die Kausalität, sondern auch die Korrelation von $CO_2$ und Temperatur.

Wenn $CO_2$-Anhänger „MrWissen2go" Mirko Drotschmann seine Theorie darstellt, wählt er in seiner Grafik nur die letzten 1.000 Jahre heraus, in denen man sehen soll, dass das $CO_2$ seit 1780 anstieg. Was soll das beweisen? Er stellt die falsche Behauptung auf, der Anteil des natürlichen $CO_2$ sei immer gleich geblieben. Die größten $CO_2$ Emissionen, nämlich die der Ozeane, unterschlägt er. Er nennt die Zahlen des IPCC, laut denen der Meeresspiegel von 1901 bis 2014 um 19 Centimeter angestiegen sei. Das sind 1,7 Millimeter pro Jahr. Was soll das in Hinsicht auf $CO_2$ beweisen? Dass Korrelation keine Kausalität ist (siehe oben)?

## Panik, Wandel und Kipp-Punkte vs. natürliche Schwankungen

Die $CO_2$-Anhänger (insbesondere Fridays For Future und die noch extremere „Extinction Rebellion") erklären ganz offen, dass sie Angst und Panik verbreiten wollen, um die Wähler und Politiker von der $CO_2$-Theorie und vom Handlungsdruck zu überzeugen.

Beim Thema $CO_2$ ist es gelungen, viele unkritische Menschen, die der Meinung ihrer Leitmedien folgen, halbwegs zu beeindrucken. Aber so richtig tut sich nichts. Deshalb verwendet das Marketing der $CO_2$-Anhänger

„Kipp-Punkte", ab denen es kein Zurück mehr gebe. Gemäß Roland Emmerichs Science Fiction Film „The Day After Tomorrow" könnte der Golfstrom unterbrochen werden, wenn das Grönland-Eis abschmilzt. Notiz am Rande: Das Eis an der Küsten Grönlands ist etwas geschmolzen. Dafür ist das Eis in den letzten Jahren in den nicht-küstennahen Regionen um so mehr gestiegen. Auf Grönland lagen ebenso im Rest Europas (vom Rest der Welt gibt es so gut wie keine Daten) vor rund 1.000 Jahren die Temperaturen erheblich höher – um parallel zu den Schwankungen der Sonnenenergie wieder zu sinken.

Wenn der Golfstrom, der warmes Wasser aus der Karibik nach Nordeuropa bringt, unterbrochen würde, bestünde die Möglichkeit, dass es sich in Europa stark abkühlt oder gar eine Eiszeit ausbräche. Bei global angeblich unaufhaltsam steigenen Temperaturen. Man beachte den Widerspruch.

Als weiterer Kipp-Punkt soll das Auftauen der Permafrost-Böden in Sibirien und Alaska sein. Dies würde laut den Klima-Alarmisten massenhaft Methan freisetzen, und die Erde sei verloren. Interessanterweise gibt einer der Hauptvertreter der Treibhaustheorie – die WDR Sendung Quarks & Co – unbewusst eine Entwarnung bei Methan: „Methan bleibt nur etwa 12 Jahre in der Atmosphäre."

News zu Kipp-Punkten: Wie die obige Grafik zeigt, ist die globale Durchschnittstemperatur in den letzten 500 Millionen Jahren zweimal um 10 Grad und einmal um 7 Grad gestiegen und gesunken. Jede Erwärmung und Abkühlung kehrt sich um. Angebliche Kipp-Punkte wurden in der Erdgeschichte schon oft überschritten. Sibirien und Alaska waren im Laufe der Zeit mehrmals aufgetaut. Erwärmung ist keine Einbahnstraße und kann es auch gar nicht sein.

Der Faktor, der alles erklärt, ist die Strahlungsschwankung der Sonne (siehe unten). Wenn wir nicht mehr fliegen, heizen und autofahren, ist das der Sonne egal.

Von den 1940er bis 1970er-Jahren sanken die Temperaturen. Viele Wissenschaftler warnten vor einer neuen Eiszeit. Sie lagen alle falsch. Auch damals gab es angeblich „Punkte ohne Wiederkehr" und „Kipp-Punkte". Die Eisflächen wuchsen 1968/69 auf die größte Fläche der letzten 60 Jahre, und das Hamburger Abendblatt zitiert Wissenschaftler mit „Viel Eis reflektiert viel Sonnenstrahlung wieder in den Weltraum hinaus und verbraucht viel Wärme zum Schmelzen." Wenige Jahre später begannen die Temperaturen entgegen der Vorhersagen zu steigen. Von 1998 bis 2016 stiegen sie gar nicht der Klimawandel fiel aus (siehe oben unter „Kein Klimawandel seit 1998").

# Der Meeresspiegel

Der Meeresspiegel stieg und sank in den letzten 140.000 Jahren, ganz unabhängig von CO2. Willkürliche Zeiträume herausgreifen können wir auch: In den letzten 20.000 Jahren stieg der Meeresspiegel um 140 Meter (!), also um 7 Millimeter pro Jahr.

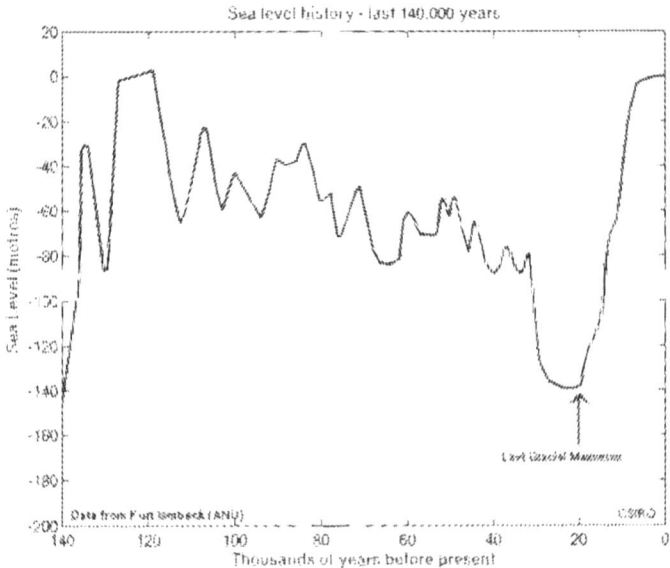

*(Symbolbild vom Herausgeber erstellt. Quelle: https://www.economy4-mankind.org/wp-content/uploads/2019/07/meeresspiegel-140000-jah-re-lambeck-australia.jpg )*

Quelle: Kurt Lambeck, Australian National University ANU, Präsident der Australian Academy of Science

Das sieht zunächst dramatisch aus. Man sieht aber auch: Es flacht sich ab. Und wenn man die nachfolgende Grafik der Wissenschaftler A. Grinsted, J.C. Moore und S. Jevrejeva betrachtet (2009, „Reconstructing sea level from paleo and projected temperatures 200 to 2100 AD", Climate Dynamics, DOI 10.1007/s00382-008-0507-2, 06 009), sieht man natürliche und harmlose Wellenbewegungen des Meeresspiegels vom Jahr 200 bis 2.000:

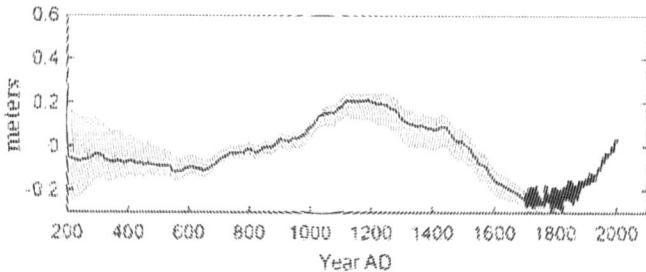

**Global sea level relative to 1980-1999**

(Symbolbild vom Herausgeber erstellt. Quelle: https://www.economy4-mankind.org/wp-content/uploads/2019/07/meeresspiegel-200-2000-grinsted-moore-jevrejeva.jpg )

CO2-Anhänger picken sich die letzten 200 Jahre heraus, um einen Zusammenhang mit CO2 zu konstruieren. Das ist nicht überzeugend. „Mr Wissen2go" Mirko Drotschmann gehört auch zu denen, die behaupten, die Südseeinseln gingen unter. Wie Spektrum der Wissenschaft am 16.02.2018 berichtete, stimmt das nicht. Koralleninseln wachsen mit: „Acht der neun Atolle Tuvalus und drei Viertel der 101 betrachteten Inseln gewannen in dieser Zeit an Fläche, obwohl der Meeresspiegel stieg. Insgesamt nahm die Landfläche um knapp drei Prozent zu."

Ab Minute 5 dieses Videos zeigt Drotschmann eine manipulierte Grafik: Keine Nulllinie, willkürlich herausgepickte Zeitreihe. Hier erklärt er, die Hälfte der CO2-Steigerung sei erst seit 1980 dazu gekommen. Was er nicht weiß oder verschweigt: Das fällt genau in eine Zeit der erhöhten Sonnenaktivitäten. Korrelation ist auch hier keine Kausalität.

## Climategate: Wie Klimaschwindler Daten manipulieren

- „Man muss die Daten so lange foltern, bis sie gestehen."
  (Ronald Coase)

Wie die Zeitreihen u.a. auf dieser Seite zeigen, gäbe es keine Diskussion über Klimawandel und CO2, wenn die Anhänger der CO2-Theorie nicht willkürliche Daten herauspicken und sogar verfälschen würde.

Entlarvend waren die von Hackern veröffentlichten Emails, in denen Vertreter der CO2-Theorie zugaben, dass sie Daten gefälscht und unterschlagen haben. Klima-Historiker Professor Tim Ball erklärt den Skandal:

*(Symbolbild vom Herausgeber erstellt. Quelle: https://youtu.be/Ydo2Mwnwpac )*

Prof. Tim Ball über Climategate, Teil 2:

*(Symbolbild vom Herausgeber erstellt. Quelle: https://youtu.be/Gnn-qKVGA1LA )*

Der aktuellste Fall von Datenmanipulation wurde am 24.07.19 u.a. vom Spiegel als „Beweis" propagiert: „Schweizer Forscher entkräften Argument von Klimawandel-Leugnern". Die schon 2015 durch manipulierte Daten und falsche Behauptungen aufgefallene Gruppe „Pages 2K Consortium" behauptet, es habe zwar in Europa, aber nicht global eine mittelalterliche Warmzeit gegeben, weil das Klima in unterschiedlichen Regionen unterschiedliche Tendenzen habe. Heute sei das nicht so, so dass heute angeblich 98% der Erde die größte Wärme der letzten 2.000 Jahre erlebe.

Sofort fällt auf, dass der Zeitraum willkürlich gewählt und der gesamte Rest der Erdgeschichte (siehe oben, Berner und Scotese) unterschlagen wurde. Dass sich gegenwärtig die nördliche Erdhalbkugel leicht erwärmt und die südliche Erdhalbkugel leicht abkühlt, unterschlägt das Pages 2K Consortium ebenfalls. Desweiteren fällt auf, dass die viel zu ungenaue und daher unbrauchbare Methode der Baumringmessungen (Bäume wachsen nicht nur durch den einzigen Faktor höherer Temperaturen schneller, sondern auch durch weitere Faktoren Regen, Licht, CO2 und Nährstoffe) die Grundlage der Behauptung ist. Es gibt durch die Vielzahl der Wachstumsfaktoren keine physikalische Theorie, um Baumringmessungen in Temperaturen umzusetzen. Michael Limburg vom Europäischen Institut für Klima und Energie (EIKE), Diplom-Ingenieur für Mess- und Regeltechnik, erklärt hier die Fehlerhaftigkeit der Messungen.

Professor Friedrich-Karl Ewert (ebenfalls vom EIKE) weist in diesem Video nach, wie angebliche Temperaturdaten von den Anhängern der CO2-Anhänger gefälscht wurden:

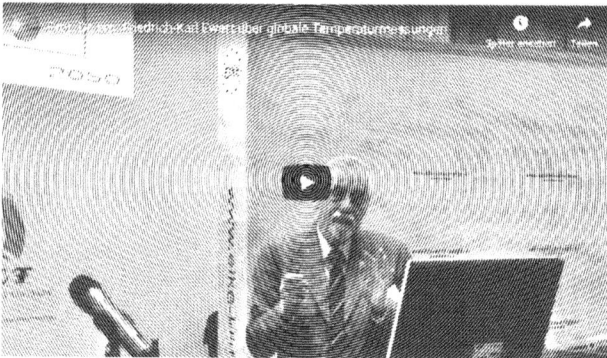

*(Symbolbild vom Herausgeber erstellt. Quelle: https://youtu.be/uR8X2UhS0Fk )*

Professor Ewert weist hier auch nach, dass Daten nach der Erstveröffentlichung nochmals verfälscht veröffentlicht wurden.

## Kommt bald die Eiszeit-Massenhysterie?

Das Thema Klimawandel scheint eher eine Massenhysterie als ein wissenschaftlicher Fakt zu sein. „Wandel" ist ein übertreibener Begriff. Wandel ist etwas Endgültiges oder zumindest Dauerhaftes. Beim Klima sind „Schwankungen" der passendere Begriff.

Mit natürlichen Schwankungen kann man aber keine Auflagen und Einschaltquoten steigern. Schlechte Nachrichten verkaufen sich besser.

Wissenschaftler der Northumbria Universität in Newcastle / England verfolgen den Zusammenhang zwischen Sonne und Klima und kommen zu dem Schluss, dass ab 2030 eine „neue Eiszeit" droht:

# Earth faces another ICE AGE within 15 YEARS as Russian scientists discover Sun 'cooling'

THE Earth is heading towards another ice age as solar magnetic activity is set to drop by up to 60 per cent in the next 15 years.

By SEAN MARTIN

Die Erde könnte ein weiteres „Maunder Minimum" erleben! Die globale Durchschnittstemperatur könne sinken, und zwar um… 1,3 Grad! Nein, nicht 13. Eins. Komma. Drei. Zieht Euch warme Windeln an, es wird arschkalt!

## Mobbing statt wissenschaftlicher Diskussionen: Wie einst unter McCarthy

- Wir lieben die Menschen, die frisch heraus sagen, was sie denken – falls sie das Gleiche denken wie wir. (Mark Twain)

Sogar der massiv gegen CO2-Skeptiker hetzende Spiegel schrieb 2014: „Einer der angesehensten Klimatologen, der emeritierte Max-Planck-Direktor Lennart Bengtsson, wechselte Ende April ins Lager der …Skeptiker, die grundlegende … Schlussfolgerungen des Uno-Klimaberichts bezweifeln. Die Skeptiker halten die Prognosen über die Folgen der Erderwärmung für zu pessimistisch". Bengtsson war dem Akademischen Beirat der Global Warming Policy Foundation (GWPF) beigetreten und ist nach massivem Mobbing wieder austreten. Er wurde „unter unerträglichen Druck gesetzt, Kollegen hätten sich abgewendet, manche hätten die Zusammenarbeit beendet und er sorgte sich um seine Gesundheit und Sicherheit. Er hielt es nie für möglich, dass dergleichen möglich sei in der Meteorologie."

„Kommunistenverfolger" Mc Carthy wäre stolz auf die akademischen Meinungsherrscher sowie auf Spiegel, Süddeutsche, Tagesspiegel, taz & Co. Intoleranz und Hetze gegen Verteter wohlbegründeter abweichender Argumente sind das Gegenteil einer sachlichen, höflichen und ergebnisoffenen wissenschaftlichen Debatte.

Allein schon die Tatsache, dass alle Andersdenkenden gemobbt werden und die CO2-Anhänger sich weigern, eine öffentliche, sachliche, faktenbasierte Diskussion mit den CO2-Skeptikern zu führen, beweist, dass die CO2-Anhänger sich der Angreifbarkeit ihrer Theorie bewusst sind. Ein gutes Beispiel ist die Klima-Professorin Dr. Judith Curry, die die Klimawandel-Diskussion als politisch motiviert und sachlich unbegründet bezeichnete:

*(Symbolbild vom Herausgeber erstellt. Quelle: https://youtu.be/7z-k7Xfyv6k4 )*

Dr. Curry begründet auch, warum angeblich 97% der Klimaforscher die CO2-Theorie unterstützen: Forschungsgelder und akademische Karrieren sind davon abhängig. Wer dem nicht folgt, wird weggemobbt.

*(Symbolbild vom Herausgeber erstellt. Quelle: https://youtu.be/qUVA-wp1x1hw )*

In Deutschland ist das ebenso. Wenn zum Beispiel Professoren und andere Wissenschaftler vom Europäischen Institut für Klima und Energie (EIKE) ihre Forschungsergebnisse vortragen, greifen die CO2-Anhänger sie auf der persönlichen Ebene an. Das Potsdam-Institut für Klimafolgenforschung (PIK) kann hingegen behaupten, was es will, und sei es noch so unlogisch: In den meisten Medien wird es nie kritisch betrachtet. Dabei verbreitet gerade das PIK in Bezug auf CO2 lauter unwahre Behauptungen.

CO2-Anhänger argumentieren gegen selbst und logisch denkende Nicht-Wissenschaftler gerne mit angeblicher Ahnungslosigkeit. Schließlich haben die CO2-Skeptiker nicht Physik studiert. Tatsächlich sind (siehe oben) zigtausende Physiker, Geophysiker, Astrophysiker, Geochemiker, Chemiker, Klimatologen, Geologen, Ingenieure, Statistiker etc. CO2-Skeptiker.

Wer wie die CO2-Anhänger gegen abweichende Meinungen hetzt, ist kein Wissenschaftler, sondern Demagoge.

## Gleichschaltung, Selbst-Gleichschaltung, Klima-Kirche

- „Je mehr Leute es sind, die eine Sache glauben, desto größer ist die Wahrscheinlichkeit, dass die Ansicht falsch ist. Menschen, die Recht haben, stehen meistens allein." (Paul Watzlawick, Psychologie-Professor)

Packen wir die Keule von Godwin's Gesetz aus, weil es passend und nötig ist: Wie funktioniert Gleichschaltung? Also die Anpassung von Meinungen? Durch Zwang, Repressalien, finanzielle Anreize und Herdentrieb.

Wenn Sie ein Journalist beim Spiegel, der Süddeutschen Zeitung, dem Tagesspiegel, der taz oder in den öffentlich-rechtlichen Nachrichtensendungen sind, machen Sie mal folgendes Experiment: Berichten Sie über die Inhalte dieser Seite. Und zwar nicht bewertend, sondern ganz neutral, wie es das Wesen echter journalistischer Arbeit ist. Achten Sie mal darauf, wie Ihre Chefs und Kollegen reagieren. Ihren Job sind Sie los.

Wenn Sie ein Klimatologe, Geologe, Physiker, Astrophysiker oder Geophysiker sind und gerne Professor werden wollen: Trauen Sie sich dann, öffentlich der CO2-Theorie zu widersprechen? Die meisten tun es nicht. Sonst wird es nichts mit der akademischen Karriere.

Wenn Sie zum Beispiel beim Potsdam Institut arbeiten und Ihr Geld mit der Verbreitung der CO2-Theorie verdienen, oder wenn Sie an einem Institut arbeiten, dass Geld bei der Klimaforschung nur unter der Bedingung erhält, dass bei Ihrer Forschung die CO2-Theorie bestätigt wird: Wie wahrscheinlich ist es, dass Sie neutral forschen?

Die nachfolgende Karikatur ... veranschaulicht die Motive der „Einigkeit" der CO2-„Wissenschaftler":

# Der echte Konsens

"Hands-up **Who** *thinks greenhouse gases* **have** no effect, therefore we all need new jobs? Anyone?"

*(Karikatur vom Herausgeber neu gezeichnet nach der Originalkarikatur. Quelle:*
*https://i0.wp.com/sciencefiles.org/wp-content/uploads/2019/07/IPCC-climate-harmonization.jpg?w=550&ssl=1)*

Text der Karikatur: „Mal aufzeigen: Wer ist der Meinung, dass Treibhausgase keinen Effekt haben und wir uns deshalb alle neue Jobs suchen müssen? Irgendjemand?"

So hat sich die „CO2-Szene" wie eine Kirche entwickelt, in der Ketzer auf dem Karriere-Scheiterhaufen verbrannt werden. Der Begriff „Klima-Kirche" ist daher nicht unangebracht.

Als die Klima-Massenhysterie noch nicht so radikal wie heute war und freie Meinungen möglich waren, verwendete selbst 3Sat den Begriff „Klimareligion":

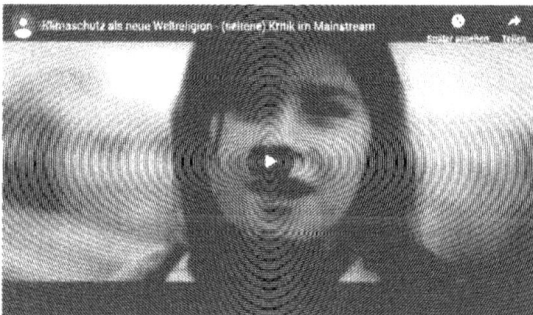

*(Symbolbild vom Herausgeber erstellt. Quelle: https://youtu.be/PG-*

*xO7b6Ybbw )*

Zitat: „Die neue Klimareligion hat das zeitgemäße Angebot. Angst. Das heißt: Medial inszenierbare Angst."

Der Soziologe Norbert Bolz formuliert: „Selten waren wir in den letzten Jahrzehnten weiter entfernt von Liberalität und Massenaufklärung als heute. Ganz Im Gegenteil: Wir sind wieder in die Hände von Propheten geraten."

## CO2-Anhänger sind keine Wissenschaftler

CO2-Anhänger verweisen gerne auf angebliche „wissenschaftlichen Autoritäten. Was Sie dabei ignorieren oder nicht wissen: Wer die CO2-Theorie vertritt, ist per Definition kein Wissenschaftler, wie Mai Thi Nguyen-Kim (bekannt aus Quarks & Co und aus zahlreichen Videos). Frau Nguyen-Kim nennt die Kriterien, die sie selbst beim Thema Klimawandel und CO2 nicht erfüllt:

*(Symbolbild vom Herausgeber erstellt. Quelle: https://youtu.be/RZ-do1wY1Wps )*

Frau Nguyen-Kims Chef, Prof. Harald Lesch, ist in Deutschland so etwas wie der oberste Vertreter der CO2-Theorie. In seinem Video „Missverständnisse zum Klimawandel aufgeklärt" will er angeblich die Gegenargumente entkräften, weicht aber lediglich aus, wirft Nebelkerzen und scheitert.

Bei jedem einzelnen Versuch, ein Gegenargument zu entkräften, zeigt sich die Schwäche seiner Argumente:

- Das Argument, dass es eine öffentliche Diskussion geben müsse, ist nicht der Punkt. Es gibt eine höchst öffentliche Diskussion – allerdings nur unter Befürwortern. Der Vorwurf, den Herr Lesch gar nicht beantwortet, ist die Tatsache, dass sich die CO2-Anhänger einer öffentlichen Auseinandersetzung (also in reichweitenstarken Medien) mit den CO2-Skeptikern verweigern. Dann würde nämlich das ganze Theorie-Konstrukt der CO2-Anhänger zusammenbrechen.

- Die wissenschaftlichen Standards, die er fordert, hält er selbst nicht ein. Er steht auf dem Standpunkt der Unfehlbarkeit. Den Vergleich mit dem Establishment vor 500 Jahren, das die Erkenntnisse der Außenseiter Galilei und Kopernikus als Irrlehren ablehnte, greift er zu Recht auf. Denn die ganze CO2-Lehre ist eine Wiederauflage des Beispiels für die Irrlehren des Establishments.

- Es gibt in allen wissenschaftlichen Labors der Welt kein einziges Experiment, das einen nennenswerten Einfluss von CO2 auf das Klima beweist (siehe oben, Prof. Quaschning). Lesch antwortet darauf mit einem Ausweichen auf Hypothesen der Astrophysik. Dabei ist es ganz einfach: 2 Glasbehälter mit Luft und unterschiedlicher CO2 Konzentration, auf die eine simulierte Sonne (Glühbirne) scheint, und in jedem Behälter 1 Thermometer. Das ist ganz einfache Physik. Und alle Versuche, in einem solch simplen Experiment einen simplen Effekt des CO2 nachzuweisen, sind gescheitert. Wer lernt daraus nichts? CO2-Kardinal Lesch und die Klimakirche.

- Er vergleicht CO2-Skeptiker, die eine wohlbegründete andere Meinung haben (siehe Argumente auf dieser Seite), mit Zeugen eines Kriminalfalls, die anderen Zeugen widersprechen und darauf bestehen, dass sie Recht haben. Damit beschreibt er sich selbst. Er glaubt, es sei ein Argument, dass die Mehrheit der Zeugen immer Recht haben. Schließlich spricht er von der Indizienlage, nach der der Minderheitszeuge immer noch bei seiner Behauptung bleibt. Dass er selbst die Indizien falsch interpretieren könnte, zieht er nicht einmal in Erwägung.

- CO2-Anhänger berufen sich u.a. auf wissenschaftliche Fachmagazine wie Science oder Nature. Wenn jemand einen wissenschaftlichen Artikel aus solchen Magazinen nennt, die der CO2-Theorie widersprechen, sind dieses Artikel angeblich nichts wert. Dazu zitiert er die Einreichungskriterien, nach denen eingereichte Artikel nur zum „Peer Review" zugelassen werden, die „neu und spannend sind". Das war in der Vergangenheit bei der CO2-Theorie der Fall, vor allem seit Al Gore. Dazu meint Herr Lesch, dass „die Freude über die Entdeckung so groß war, dass die Sorgfalt bei der Überprüfung gefehlt hat". Genau das ist der Fall bei der CO2-Theorie. Außerdem meint Herr Lesch, dass 80 % der „nicht überraschenden Ergebnisse" nicht replizierbar waren. Warum findet er das ausreichend?

- Er nennt Satelliten als Zeugen der CO2-Theorie. Ein halbwegs großes Satellitennetz mit Wettersatelliten gibt es erst seit rund 30-40 Jahren. Das ist viel zu kurz, um aus den Daten eine CO2-Theorie zu konstruieren.

- Zum nicht existenten Konsens in der Klimawandel-Frage greift er die Wissenschaftler an, die die Petitionen gegen die CO2-Theorie unterzeichneten. Sein Argument: Das seien größtenteils keine Klimaforscher. Dazu muss man wissen, dass Herr Lesch selbst kein Klimaforscher ist, sondern Physiker. Wenn dann hunderte Klimaforscher sowie 30.000 Physiker, Astrophysiker, Geologen, Paläogeologen, Statistiker, Geochemiker, Chemiker etc. eine Petition gegen Herrn Leschs Meinung unterzeichnen, erklärt er sie praktisch für irrelevant und inkompetent.Herr Lesch meint außerdem, mehr als 10 Mio. Menschen hätten die „Oregon-Petition" der CO2-Skeptiker unterschreiben können, hätten dies aber nicht getan. Da sie das nicht getan hätten, seien sie wohl für die CO2-Theorie. Auch das ist eine Nebelkerze. Gegen die Unterzeichnung durhc Millionen Wissenschaftler spricht a) die Vernichtung der eigenen akademischen Karriere durch die Inquisition der CO2-Kirche, b) die Tatsache, dass es zigtausende Petitionen gibt, von denen man gar nichts weiß, c) eine generell geringe Motivation, seinen Namen unter eine Petition zu setzen, und d) das Recht von Nichtwählern, nicht wählen zu müssen.Herr Lesch präsentiert eine Grafik mit der angeblichen Zustimmungsrate von Klimaforschern zu seinem CO2-Glauben. Das ist so, als würde ein Kardinal eine Grafik mit Zustimmungsraten unter Bischöfen präsentieren.

- Herr Lesch meint: „Aber natürlich ist Wissenschaft Konsens. Es geht darum, sich über etwas zu einigen, worüber man sich geeinigt hat." Nein. Wissenschaft ist kein Konsens und keine Demokratie. Wissenschaft ist eine ewige Suche nach den höchsten Wahrscheinlichkeiten. So etwas wie Wahrheit existiert nicht außerhalb der Mathematik. Eine typische wissenschaftliche Entdeckung widerlegt die bisherige Lehrmeinung. Der einzige Konsens besteht dartin, dass Theorien experimentell nachgewiesen werden müssen, um als „vorläufige Wahrheit" gelten zu können. An diesen Konsens hält sich Herr Lesch nicht.

- Herr Lesch präsentiert eine Statistik zum CO2-Glaubensbekenntnis: Von 33.700 Artikeln in den Kirchenblättern der CO2-Kirche haben es nur 34 geschafft, trotz Glaubens-Zensur veröffentlicht zu werden. Dass diese durch Zensur erzeugte künstliche Zustimmungsrate lediglich Machtverhältnisse wie im Vatikan beweist, ist nicht zu übersehen.

## Physik-Nobelpreisträger Ivar Giaever zerpflückt den Klimawandel

Ein besonders prominenter Gegner der CO2-Treibhaustheorie ist Ivar Giaever, Nobelpreisträger der Physik, der in diesem Vortrag in Lindau 2012 und im nachfolgenden Vortrag von 2015 zum Entsetzen der CO2-Anhänger deren Glauben als unwissenschaftliche Religion bezeichnete und dies wie folgt begründete und dafür von den CO2-Anhängern persönlich angefeindet wurde:

*(Anm. d. Hrsg.; Das dazugehörige Video wurde von Youtube gelöscht wegen einer angeblichen Urheberrechtsverletzung)*

Giaever stellt fest:

- Es geht um lediglich 0,8 Grad Temperatursteigerung von 1880 bis 2015, also um 0,3% in 135 Jahren. Das ist erstaunlich stabil.

- In der Arktis steigen die Temperaturen leicht. Darüber wird viel berichtet. In der Antarktis sanken die Temperaturen auf ein Rekordtief, und das Eis stieg auf eine Rekordfläche. Darüber berichtet niemand, weil es die Story zerstört.

- Die Messstationen sind extrem ungleich verteilt (nur 8 in der Antarktis und nur wenige in den Ozeanen) und gar nicht in der Lage, eine Durchschnittstemperatur auf Nachkommastellen genau zu ermitteln. Weder für die gesamte Erdoberfläche noch über die unterschiedlichen Höhen in der Atmosphäre noch über die unterschiedlichen Tiefen der Ozeane noch über 365 Tage im Jahr und 24 Stunden am Tag. Die Daten für eine seriöse Bestimmung der Durchschnittstemperatur sind schlicht nicht vorhanden. Ohne ausreichende Daten lässt sich keine Theorie aufbauen.

- Was ist eigentlich die optimale Temperatur für die ganze Erde? (Anmerkung der Redaktion: Mojib Latif und Ranga Yogeshwar nennen 15 Grad – also die Temperatur, die wir heute haben).

- Von 1996 bis 2014 (Zeitpunkt seines Vortrags) ist die Temperatur nicht gestiegen. (Anmerkung: Trotz seit 1990 reichlich gestiegenem CO2-Ausstoß). Damit die Daten eine Korrelation von Temperatur und CO2 erscheinen lassen, haben die CO2-Anhänger die Ozeane mit einbezogen, die vorher nie einbezogen wurden. Die Datenbasis (70% der Erdoberfläche sind Ozean) wurde also massiv verfälscht.

- Von 1898 bis 1998 ist die Temperatur um 0,8 Grad Celsius gestiegen, während das CO2 um 72 ppm vom 295 ppm auf 365 ppm stieg. Von 1998 bis 2014 stieg das CO2 um 36 ppm, also um die

Hälfte der 72 ppm, die angeblich die Temperatur um 0,8 Grad steigen ließ. Also hätte die Temperatur um 0,4 Grad steigen müssen. Stattdessen stieg sie nicht. „Wenn man ein Physiker ist, und man eine Theorie hat. Und wenn dann die Theorie nicht mit dem Experiment übereinstimmt. Dann muss man die Theorie verwerfen."

- Klima-Alarmisten behaupten, Grönland würde abschmelzen und untergehen. Grönland hat 4 Häfen. Hier sehen wir die Temperaturdaten der 4 Häfen. Die 5 wärmsten Jahre lagen alle zwischen 1928 und 1947.

- Bei Klima-Alarmisten ist jede Klimaänderung immer eine Verschlechterung. Mit 50%iger Wahrscheinlichkeit sind Klimaänderungen Verbesserungen. Die globale Erwärmung ist kein Problem.

- Wenn der Klimawandel die Leute nicht erschreckt, dann erschreckt man die Leute mit Wetterextremen, zum Beispiel mit Wirbelstürmen, über die viel berichtet wird. Die tatsächliche Zahl der Wirbelstürme (Hurrikane und Tornados) ist aber in den letzten 150 Jahren gesunken.

- Zum Schreckensszenario der Klima-Alarmisten gehört der steigende Meeresspiegel (Anmerkung: Siehe oben). Im letzten Jahrhundert ist der Meeresspiegel um etwa 20 Zentimeter angestiegen. Und im 19. Jahrhundert davor auch. Und im 18. Jahrhundert auch. Es gibt also kein ungewöhnliches Ansteigen des Meeresspiegels.

- Wenn alle Gletscher schmelzen würden, stiege das Meer um 1 Meter. Wenn in ganz Grönland das Eis schmelzen würde, stiege das Meer um 7 Meter. Wenn alles Eis am Südpol schmelzen würde, stiege der Meeresspiegel um 93 Meter. Aber das Eis am Südpol nimmt zu.

- Stellen Sie sich ein großes Wohnzimmer von 6 x 6 Metern Fläche und 3 Metern Höhe vor. Nun riegeln wir den Raum ab. Wieviele Streichhölzer müsste man verbrennen, damit die $CO_2$-Emissionen dem entsprechen, was Autos in 1 Jahr ausstoßen? Antwort: 1 Streichholz bringt so viel $CO_2$ wie 20 Jahre Autofahren.

An Ivar Giaever haben wir durchaus etwas zu kritisieren: Er ist ein Anhänger der Atomkraft und ein Libertärer.

## Zwischenfazit

Dies ist nur ein kleiner Ausschnitt der Fakten, die die $CO_2$-Theorie widerlegen und andere Gründe plausibel erscheinen lassen. Wir lassen uns aber auch gern vom Gegenteil überzeugen.

Wir haben kein Fazit, sondern nur ein Zwischenfazit. Denn im Unterschied zu arroganten „darüber gibt es nichts zu debattieren"-Leuten erkennen wir an, dass die Debatte keineswegs beendet ist. Sie ist noch nicht einmal ernsthaft eröffnet. Wir laden alle CO2-Anhänger und CO2-Skeptiker ein, öffentlich und sachlich über das Thema Klima und dessen Einflüsse zu diskutieren. Das beginnt mit der Frage, welches korrekte Daten sind bei CO2, Temperaturen und Meeresspiegel im Laufe der letzten 600 Millionen Jahre (so weit reichen die uns bekannten Daten, siehe oberste Grafik) bis heute. Desweiteren wollen wir Experimente sehen, in denen in versiegelten Räumen (luftdichten Behältern) die unterschiedliche Wirkung von 300 und 400 ppm CO2 verifiziert gemessen wird.

Der nächste Schritt liegt in den Schlussfolgerungen. Ganz wissenschaftlich: These, Antithese, Synthese. Und nicht These und basta, wie es heute von den CO2-Anhängern praktiziert wird.

Wer sich der Diskussion arrogant verweigert, ist unglaubwürdig. Wer nicht glaubwürdig überzeugt, wird verlieren. Gerade, wenn es darum geht, eine CO2-Steuer umzusetzen, die ohne die Akzeptanz der Wähler nur dazu führt, dass die Grünen, die SPD und die Linke aus dem Bundestag ausscheiden.

## Weiterführende Links, mehr Infos

- co2science.org (http://www.co2science.org/index.php)

- co2science.org: Zusammenfassung globaler Temperatur-Trends (http://www.co2science.org/subject/g/summaries/globaltrends.php)

- sciencefiles.org: Wie Nasa & Co durch „Homogenisierung" Klimadaten nachträglich passend machen (https://sciencefiles.org/2019/07/24/homogenisierung-oder-falschung-der-klima-daten-wie-meteoswiss-und-nasa-werkeln/ )

- Die Welt: Die CO2-Theorie ist nur geniale Propaganda (https://www.welt.de/debatte/kommentarc/article13466483/Die-CO2-Theorie-ist-nur-geniale-Propaganda.html)

- Watts Up With That (Meteorologe Anthony Watts) (https://wattsupwiththat.com/)

- No Tricks Zone (Pierre Gosselin) (https://notrickszone.com/)

- Technische Universität Berlin, Fakultät VI, Institut für Ökologie, Dr. Harald Kehl: Überblick der Klimageschichte (http://lv-twk.oekosys.tu-berlin.de//project/lv-twk/002-klimageschichte-kleiner%20ueberblick.htm)

- Technische Universität Berlin, Fakultät VI, Institut für Ökologie, Dr. Harald Kehl: Die Debatte um den Klimawandel (http://lv-twk.oekosys.tu-berlin.de//project/lv-twk/02-intro-3-twk.htm)

- EIKE Europäisches Institut für Klima und Energie (Anmerkung: Mit der EIKE Forderung nach mehr Atomkraft sind wir überhaupt nicht einverstanden) (https://www.eike-klima-energie.eu/ )

- Die kalte Sonne (http://diekaltesonne.de/ )

- Die kalte Sonne über Climategate (http://diekaltesonne.de/berkeley-klimawissenschaftler-richard-muller-climategate-emails-sind-beschamend-und-zeugen-von-missbrauch/ )

- Global Warming Policy Foundation (https://www.thegwpf.org/)

- Deutschlandfunk Kultur: Grönland war mal Grün (Buch Wolfgang Behringer: „Kulturgeschichte des Klimas") (https://www.deutschlandfunkkultur.de/groenland-war-mal-gruen.950.de.html?dram:article_id=135363 )

- Klimaargumente.de (Sammlung von Artikeln zum Thema) (http://www.klimaargumente.de/ )

- klimaskeptiker.info (http://www.klimaskeptiker.info/index.php?seite=kritikstruktur.php)

- PJ Media über Climategate (https://pjmedia.com/blog/climate-gate-somethings-rotten-in-denmark-and-east-anglia-asheville-and-new-york-city-pjm-exclusive/ )

- KenFM / Rainer Rupp: Sommerhitze kein Grund zur Klimapanik (https://www.youtube.com/watch?v=J7Peql92HM4 )

- Horst Lüning über Klimawandel und CO2 (https://www.youtube.com/user/UnterBlog/search?query=klimawandel )

- RTL Doku von 2006: Der Klimaschwindel (https://vimeo.com/345294328 )

- Vera Lengsfeld / Wolfgang Schnetzer: „Orson Welles und die Rettung der Welt vor dem CO2" (wie einst beim Radio-Hörspiel „Krieg der Welten": Bürger sind in Panik, weil sie Fiktion für wahr halten (https://vera-lengsfeld.de/2018/08/06/orson-welles-und-die-rettung-der-welt-vor-dem-co2/ )

Wer Quellen persönlich angreift (das ist bei den oben verlinkten Websites zu erwarten), statt sich mit deren Argumenten und Daten auseinandersetzt, ist kein Wissenschaftler, Journalist oder Selbstdenker, sondern Ideologe.

## Freie Kopien dieses Textes: CC 4.0 BY-SA

# BUCHTIPPS

## NATURWISSENSCHAFT, PHYSIK UND ASTRONOMIE

– **Äquivalenz von Information und Energie.** Von: K.-D. Sedlacek

– **Das Gesetz im Zufall:** Wie sich verborgene Gesetzlichkeit manifestiert. Von: Moritz Cantor u. K.-D. Sedlacek (Hrsg.)

– **Die Transzendenz der Realität :** Spuren einer allumfassenden transzendenten Realität jenseits von Raum und Zeit. Von: K.-D. Sedlacek

– **Einsteins Relativitätstheorie ganz ohne Mathematik.** Spezielle und allgemeine Relativitätstheorie. Von: Prof. Dr. Paul Kirchberger u. K.-D. Sedlacek (Hrsg.)

– **Freizeitvergnügen Sternenhimmel mit bloßem Auge:** Wie man Sternbilder auffindet ohne Instrumente. Von: Prof. Dr. Paul Kirchberger u. K.-D. Sedlacek (Hrsg.)

– **Phänomen Naturgesetze:** Das Geheimnis hinter den Erscheinungen der Welt. Von: K.-D. Sedlacek

– **Supervereinigung:** Wie aus nichts alles entsteht. Von: K.-D. Sedlacek

– **Die Natur psycho-physikalischer Phänomene.** Erforschung telekinetischer Vorgänge. Von: Schrenck-Notzing, A. u. Klaus D Sedlacek (Hrsg.)

– **Giganten der Physik.** Die Top10-Physiker der Menschheitsgeschichte. Von: Klaus-Dieter Sedlacek (Hrsg.)

– **Der allmächtige Informatiker:** Das Mysterium des Universums. Von Sir James Jeans u. K.-D. Sedlacek (Hrsg.)

– **Der verborgene Mechanismus des Weltgeschehens:** Neue Erkenntnisse über die Gestalten biotechnischer Systeme der Welt. Von: Dr. h. c. Raoul Francé u. K.-D. Sedlacek

– **Der erdgeschichtliche Klimawandel:** Den wahren Ursachen von Klimaschwankungen auf der Spur. Von Wilhelm Bölsche u. K.-D. Sedlacek (Hrsg.)

– **Wege zur physikalischen Erkenntnis.** Meine wissenschaftlichen Selbstbiographie, Reden und Vorträge. Von **Max Planck** u. K.-D. Sedlacek (Hrsg.)

– **Leonardo da Vinci:** Seine naturwissenschaftlichen Studien und genialen Erfindungen. Von Hermann Grothe u. K.-D. Sedlacek (Hrsg.).

– **The philosophy of physical science.** By Sir Arthur Eddington.

– **The nature of the physical world.** By Sir Arthur Eddington.

– **Leben in der Warmzeit der Erde.** Aus den Urtagen vor dem heutigen Klimawandel. Von Wilhelm Bölsche und K.-D. Sedlacek (Hrsg.

## CHEMIE

– **Der Stein der Weisen:** Wie die Alchemie zur Chemie wurde. Von: Wilhelm Ostwald et. al. u. K.-D. Sedlacek (Hrsg.)

– **Durchblick Chemie:** Praktische Grundlagen und Einführung in die anorganische, organische und Biochemie. Von: Prof. Dr. Lassar-Cohn, Prof. Dr. W. Löb, K.-D. Sedlacek

## NATUR- UND PHILOSOPHIE

– **Die letzten Ursachen.** Das Buch der Naturerkenntnis. Von: K.-D. Sedlacek

– **Gebundener Wille:** Wie frei ist menschlicher Wille tatsächlich? Von: K.-D. Sedlacek, G.F. Lipps et. al.

– **Jenseits der Erscheinungen:** Erkennbarkeit und Realität der Quantennatur. Von: Prof. Dr. M. Schlick u. K.-D. Sedlacek (Hrsg.)

– **Kleines Wörterbuch der Natur-Philosophie:** 1200 Begriffe, die man kennen sollte, kurz und prägnant. Von: K.-D. Sedlacek

– **Naturphilosophie:** Das Wesen von Naturgesetzen und die Erklärung des Lebens. Von: Prof. Dr. M. Schlick u. K.-D. Sedlacek (Hrsg.)

– **Vereinbarkeit von Religion und Naturwissenschaft.** Von: Kurd Laßwitz u. K.-D. Sedlacek (Hrsg.)

– **Das Konzept des Guten.** Sinnliches Empfinden – Der Ursprung unserer Wertvorstellungen. Von: Klaus-Dieter Sedlacek (Hrsg.)

# BUCHTIPPS

– **Ist echte Erkenntnis möglich?** Einführung in die Erkenntnistheorie. Von: Prof. Dr. Erich Becher u. K.-D. Sedlacek (Hrsg.)

– **Das individuelle Ich**: Was ist der Kern des Selbstbewusstseins? Von: Th. Lipps u. K.-D. Sedlacek (Hrsg.).

– **Persönlichkeit und Unsterblichkeit:** In welcher Form existiert ein Weiterleben nach dem zeitlichen Ende? Von: Wilhelm Ostwald u. K.-D. Sedlacek (Hrsg.)

– **Die idealistischen Grundwerte unserer Kultur.** Von Johannes M. Verweyen u. K.-D. Sedlacek (Hrsg.)

– **Was sind Wirklichkeiten?** Aufgedeckte Naturgeheimnisse. Von Kurd Laßwitz u. K.-D. Sedlacek (Hrsg.)

BEWUSSTSEIN

– **Leben nach dem Leben:** Befreiung des Bewusstseins von den Fesseln der Zeit. Von: K.-D. Sedlacek

– **Quantenbewusstsein.** Von: N. Wrobel u. K.-D. Sedlacek

– **Synthetisches Bewusstsein.** Von: K.-D. Sedlacek

– **Unsterbliches Bewusstsein:** Raumzeit-Phänomene, Beweise und Visionen. Von: K.-D. Sedlacek

LEBEN UND MEDIZIN

– **Leben aus Quantenstaub.** Von: N. Wrobel u. K.-D. Sedlacek,

– **Was ist Krankheit?** Von: N. Wrobel u. K.-D. Sedlacek

– **Bewusstsein und Unsterblichkeit.** Von: C. L. Schleich u. K.-D. Sedlacek (Hrsg.)

– **Die Lebenskraft:** Wie Enzyme, Bewusstsein und quantenbiologische Effekte das Leben regulieren. Von: K.-D. Sedlacek u. N. Wrobel,

– **Die verborgene Ordnung des Weltsystems.** Neue Erkenntnisse über die schöpferischen Kräfte der Natur. Von Dr. h. c. Raoul Francé u. K.-D. Sedlacek (Hrsg.)

– **Homöopathie und Praxis:** Naturheilkundliche alternative Medizin für den mündigen Patienten. Von: Dr. med. J. Voorhoeve u. K.-D. Sedlacek (Hrsg.)

– **Eine andere Sicht auf die Entstehung der sporadischen Form der Alzheimerkrankheit.** Von Norbert Wrobel u. K.-D. Sedlacek (Hrsg.)

– **Bleib beweglich und fit ohne Geräte.** Leichte ärztliche Zimmergymnastik für jedes Alter. Von Moritz Schreber.

– **Plötzlich gesund.** Medizinische Wunderheilungen und die Macht organische Leiden psychisch zu beeinflussen. Von Erwin Liek.

PSYCHOLOGIE

– **Gestalt-Psychologie:** Einführung in die neue Psychologie vom Begründer der Gestaltpsychologie. Von: Prof. Dr. Kurt Koffka u. K.-D. Sedlacek (Hrsg.)

– **Die ersten Spuren psychischer Erscheinungen:** Das psychische Leben von Mikroorganismen – Eine Studie in experimenteller Psychologie. Von Alfred Binet u. K.-D. Sedlacek (Übers.)

– **Allgemeine moderne Psychologie:** Systematische Einführung in die Wissenschaft psychischer Prozesse. Von August Messer u. K.-D. Sedlacek (Hrsg.).

– **Strahlende Kräfte durch positives Denken:** Die Wurzeln des Erfolgs und Wege zum Glück. Von Emil Peters u. K.-D. Sedlacek (Hrsg.)

– **Neue praktische Menschenkenntnis.** Ein Ratgeber zur Menschenbehandlung mit zahlreichen Bildern und Beispielen. Von Johannes Maria Verweyen.

– **Massenpsychologie am Beispiel Jan Bockelsons.** Geschichte eines Massenwahns mit einer Einführung von Sigmund Freud. Von Friedrich Reck Malleczewen u. K.-D. Sedlacek (Hrsg.)

BIOLOGIE

– **Wie intelligent sind Pflanzen?** Sensationelle Einblicke in die geheime Seite des pflanzlichen Wesens. Von Prof. Dr. phil. Adolf Wagner u. K.-D. Sedlacek

# BUCHTIPPS

– **Über Menschenaffen, Tierseele und Menschenseele:** Intelligenzprüfungen an Hominiden. Von Wilhelm Bölsche et. al. und K.-D. Sedlacek (Hrsg.)

GESCHICHTE, VOR- U. FRÜHGESCHICHTE

– **Die geheimnisvolle Kultur der alten Kelten.** Von Druiden, Fürstensitzen und der Lebensart unserer frühgeschichtlichen Vorfahren. Von Georg Grupp u. K.-D. Sedlacek (Hrsg.)

– **Der Alchemist Leonhard Thurneysser:** Die Lebensgeschichte des Goldmachers von Berlin. Von Klaus-Dieter Sedlacek (Hrsg.)

– **Es begann mit Feuerskraft.** Das Werden des Menschen und seiner Kultur. Von Carl W. Neumann u. K.-D. Sedlacek (Hrsg.)

– **Gefangen zwischen Eisschollen:** Die dramatische Entdeckungsgeschichte der Antarktis. Von Klaus-Dieter Sedlacek (Hrsg.)

RATGEER

– **Kultur erleben mit den Wohnmobil in Frankreich:** Vierzig kulturelle Highlights, Park- und Übernachtungspätze sowie Navigationskoordinaten. Von Klaus-Dieter Sedlacek

– **Kochbuch für ganze Kerle:** Kräftige und Feinschmeckergerichte für Freizeit und Camping. Von K.-D. Sedlacek (Hrsg.)

– **Der Weg zu Wohlstand und Reichtum:** Goldene Regeln für den Aufbau einer selbständigen Existenz. Von P.T. Barnum u. K.-D. Sedlacek (Hrsg.)

FORSCHUNGSREISEN U. ABENTEUER

– **Meine erste Weltumseglung:** Tagebuch einer epochalen Expedition. Von James Cook u. K.-D. Sedlacek (Hrsg.)

– **Exotische Reise durch Persien:** Abenteuerlicher Bericht aus einer fremdartigen Welt des 19ten Jahrhunderts. Von Pierre Loti u. K.-D. Sedlacek (Hrsg.)

– **Mit der Beagle um die Welt:** Bericht meiner Forschungsreise zum Galapagos-Archipel. Von Charles Darwin u. K.-D. Sedlacek (Hrsg.)

– **Peking-Paris im Automobil:** Die legendäre 16.000 km – Rallye 1907. Von Luigi Barzini u. K.-D. Sedlacek (Hrsg.)

FANTASTISCHE WELT
ROMANE UND ERZÄHLUNGEN

Bd. 1: **Parallelwelt-Universum und die Suche nach der Weltformel.** Von: K.-D. Sedlacek

Bd. 2: **Marskolonie Eos: und die verschwindende Realität.** Von: K.-D. Sedlacek

Bd. 3: **Korakar: Geheimnisvolles Leben unter ewigem Eis.** Von: K.-D. Sedlacek

Bd. 4: **Die Spur des Dschingis-Khan.** Von: Hans Dominik, K.-D. Sedlacek (Hrsg.)

Bd. 5: **Atlantis: Die Rückkehr der Götter.** Von: Moriz Hoernes, K.-D. Sedlacek (Hrsg.)

SONSTIGE ROMANE

– **Prinz Otto oder Der Phönix und die Freiheit:** Roman über Intrigen und Macht, Verrat, Hinterlist und wahre Liebe - vom Autor der 'Schatzinsel' und von 'Dr. Jekyll und Mr. Hyde'. Von: Robert Louis Stevenson, K.-D. Sedlacek (Hrsg.), Vito von Eichborn (Hrsg.)

– **Herr der Welt.** Von: Jules Verne u. K.-D. Sedlacek (Hrsg.)

# BUCHTIPPS

## EBOOK-REIHE "WISSEN UND WIRKEN"
*Nr.;Titel;Untertitel;Autor*

**1: Herrscher über die Natur** ; Anfänge der Naturbeherrschung - Früh-formen der Mechanik - und der Erfindungsgeist der Naturvölker ;Von Weu-le, Karl

**2: Was man über Chemie wissen sollte** ; Chemie im täglichen Leben ;Von Cohn, Lassar

**3: Gesundheitsschädlicher Bio-Feinstaub** ; Die Biologie des atmo-sphärischen Staubes (Aeroplankton) ;Von Molisch, Hans

**4: Transzendenz und Unendlichkeit;** Die Welt- und Lebensanschau-ungen eines Physikers ;Von Weinstein, Max Bernhard

**5: Der Traum vom Perpetuum mobile** ; Über die Wechselwirkungen der Naturkräfte ;Von Helmholtz, Hermann von

**6: Babel und Bibel;** Vortrag über die babylonischen Wurzeln der Bibel ;Von Delitzsch, Friedrich

**7: Der Mann, der "Ich denke, also bin ich" sagte ;**Eine kurze René Descartes Biografie ;Von Sedlacek, Klaus-Dieter (Hrsg.)

**8: Astronomische Miniaturen** ; Einführung in die Fixsternastronomie ;Von Strömgren, Elis

**9: Wie Zufälligkeiten das Leben bestimmen** ; Über den Zufall und den alles durchdringenden Geist ;Von Lasson, Adolf

**10: Optische Täuschungen** ; und Illusionen, sowie ihre Ursachen ; Von Reuss, August von

**11: Der Arzt Robert Mayer** ; und seine Entdeckung der Energieerhal-tung in thermodynamischen Systemen ; Von Lippmann, Edmund Oskar von

**12: Relativitätstheorie und Philosophie** ; Über die natur-logische Deu-tung empirischer Ergebnisse ;Von Driesch, Hans

**13: Zur Psychologie der prähistorischen Kunst** ; Der tiefgreifende Umschwung im menschlichen Geistesleben ;Von Verworn, Max

**14: Sympathie und Antipathie** ; Wie der Geruchssinn unsere Gefühle steuert ;Von Jaeger, Gustav

**15: Der Ursprung des Lebens** ; Hypothesen und neue Erkenntnisse ;Von Preyer, William

**16: Tierleben der Tiefsee** ; Aus dunklen Tiefen ans Licht geholt ;Von Seeliger, Oswald

**17: Die Psychoanalyse des Organischen ;** Sechs Vorträge und Aufsät-ze vom Wegbereiter der Psychosomatik ;Von Groddeck, Georg

**18: Giordano Bruno** ; Seine Lebensgeschichte ;Von Riehl, Alois

**19: Highlights Keltischer Kunst** ; Ornamentale Ideoplastik ;Von Ver-worn, Max

**20: Klimaänderungen und Klimaschwankungen ;** Ursachen, historische Fakten und kosmische Einflüsse, sowie ein Anhang "Mittelalterliche Warmzeit" ;Von Brückner, Eduard; Hann, Julius

**21: Liebesbeziehungen und deren Störungen ;** Lebensführung nach den Grundsätzen der Individualpsychologie ;Von Adler, Alfred

**22: Ägypten zur Zeit der Pyramidenbauer ;** Mit 16 Abbildungen im Text und 17 Bildtafeln ;Von Meyer, Eduard

**23: Theophrastus Paracelsus ;** Der Wegbereiter neuzeitlicher Medizin ;Von Kahlbaum, Georg W. A.

**24: Endziel Weltfrieden ;** Die Organisation der Welt ;Von Schücking, Walther

**25: Kann das Geld abgeschafft werden;** Volkswirtschaftliche Zusammenhänge und Tatsachen ; Von Cohn, Dr. Arthur Wolfgang

**26: Der Konflikt der modernen Kultur;** Vortrag 1921; Vom Kulturphilosophen Georg Simmel

**27: Mrs. Hills Spezialrezepte für selbstgemachte Pralinen und anderes Konfekt;** 46 Home Made Candys aus Uromas Küche; Von Mrs. Janet McKenzie Hill

## Buchshop:

Lightning Source UK Ltd.
Milton Keynes UK
UKHW010067090223
416610UK00015B/1670